ASMUS PETERSEN

DIE BEKÄMPFUNG DER ACKERUNKRÄUTER

Erschienen im Akademie-Verlag GmbH., Berlin NW 7, Schiffbauerdamm 19
Lizenz-Nr. 156 - 100/30/51
Herstellung: IV/2/14 - VVB Druck - Werkdruck Gräfenhainichen - 224
Bestell- und Verlagsnummer: 5061

FRIEDRICH AEREBOE

WIDME ICH

DIESE BETRIEBSWIRTSCHAFTLICHE GRUNDLEGUNG

DER BEKÄMPFUNG DER ACKERUNKRÄUTER

INHALT

I. ÜBER DIE NOTWENDIGKEIT EINER BETRIEBSWIRTSCHAFTLICHEN UNTERBAUUNG DER UNKRAUTBEKÄMPFUNG

Alle Sachverständigen sind sich darüber einig, daß die Erträge unserer Äcker um mindestens 10 % steigen würden, wenn die Kulturpflanzen sich dort nicht mit den Unkräutern in den Wachstumsfaktoren teilen müßten [1]. Eine sachgemäße Unkrautbekämpfung würde aber die Erträge der Kulturpflanzen noch weit darüber hinaus steigern, zu mehr als doppelt so hohen Mehrerträgen führen. Der große griechische Arzt *Hippokrates* hat einmal gesagt, „Alle Heilmittel müßten Lebensmittel sein, und alle Lebensmittel müßten Heilmittel sein". In der Medizin ist man noch weit von diesem Idealzustand entfernt. Bei der Bekämpfung der Ackerunkräuter gilt aber heute schon fast der Satz, daß alle Unkrautbekämpfungsmaßnahmen Kulturmaßnahmen, d. h. Maßnahmen zur Förderung des Wachstums der Kulturpflanzen sind und alle Kulturmaßnahmen Unkrautbekämpfungsmaßnahmen. Die sachgemäße Unkrautbekämpfung ist also der Schrittmacher einer höheren Bodenkultur, und die mit der sachgemäßen Unkrautbekämpfung steigende Bodenkultur führt zu den genannten großen zusätzlichen Ertragssteigerungen.

In der Praxis ist dieser Sachverhalt so gut wie unbekannt. Die tüchtigen Landwirte, wenn sie nicht gerade auf extrem unkrautwüchsigen Böden zu wirtschaften gezwungen sind, leiden nicht unter dem Unkraut. Durch ihre hohe Bodenkultur werden sie gleichzeitig mit dem Unkraut fertig, das dauernd auf der Lauer liegt. Diese tüchtigen Landwirte mit den unkrautreinen Feldern haben kaum Veranlassung, von Unkraut und Unkrautbekämpfung zu sprechen. Sie schweigen, und von den Kultur-

[1] Ein Zitat hier anzuführen, würde sehr einseitig sein. Alle Unkrautforscher, alle Ackerbauer und alle Pflanzenbauer sind hier einer Meinung (vgl. die Zusammenstellung bei *Th. Roemer* und *F. Scheffer*, Lehrbuch des Ackerbaus, S. 408, Berlin 1949).

maßnahmen als den wahren Unkrautbekämpfungsmitteln wird nicht gesprochen. Diejenigen Landwirte aber, deren Felder in den mecklenburgischen Landesfarben prangen, führen diese Verunkrautung mit Kornblume, Mohn und Senf und die Verqueckung und Verdistelung ihrer Felder nicht auf ihre mangelhafte Bodenkultur zurück; sie rufen nach künstlichen Unkrautbekämpfungsmitteln, nach Giften zur Beseitigung des Unkrauts, die in Wahrheit nur eine Bedeutung in Sonderfällen haben. So kommt es, daß in der breiten Praxis der Aberglaube vorherrschend ist, daß die Unkrautbekämpfung außerhalb des Rahmens der gewöhnlichen Kulturmaßnahmen liegt und eine Aufgabe von Spezialisten ist, die sich in der Giftwirkung aller möglichen chemischen Mittel besonders auskennen.

An diesem Aberglauben der breiten Praxis ist die Unkrautforschung nicht ganz schuldlos. Zwar haben die führenden Unkrautforscher immer wieder Kulturmaßnahmen als Unkrautbekämpfungsmaßnahmen herausgestellt. Ich erinnere nur an den Altmeister der Unkrautforschung *O. Wehsarg*[1], der u. a. nachgewiesen hat, daß die Gare, das letzte Ziel unserer ganzen Bodenkultur, gleichzeitig das beste Mittel im Kampf gegen die Ackerunkräuter ist, weil die Samen der Ackerunkräuter von den Bakterien und Pilzen des garen Bodens zersetzt werden oder an *B. Rademacher*[2], der die von der Praxis schon immer beobachtete und lange berücksichtigte Kampfkraft der verschiedenen Kulturpflanzen gegen die Unkräuter mit Hilfe exakter Lichtmessungen in den Beständen der Kulturpflanzen ermittelte. Aber wenn eine Anleitung zur Bekämpfung der Ackerunkräuter für den praktischen Landwirt gegeben wird, dann wird immer wieder vergessen, daß nicht nur die wirksamen Kulturmaßnahmen herausgestellt werden müssen, sondern die betriebswirtschaftlich jeweils berechtigten Kulturmaßnahmen. Was nützt es, die Brache als großes unkrautreinigendes Mittel zu empfehlen in einer Gegend, in der die Brache den größten wirtschaftlichen Rückschritt bedeutet; was nützt es, Hackfrucht zweimal hintereinander gegen gewisse Unkräuter zu empfehlen in Gegenden, wo der einmalige Hackfruchtbau wirtschaftlich eben erst tragbar ist. Man hat bisher die Unkrautbekämpfung nur auf biologischer Grundlage behandelt und nicht auch auf betriebswirtschaft-

[1] *O. Wehsarg*, Das Unkraut im Ackerboden, Heft 226 der Arbeiten der DLG, Berlin 1912.

[2] *B. Rademacher*, Über die Lichtverhältnisse in Kulturpflanzenbeständen im Hinblick auf den Unkrautwuchs. Zeitschrift für Acker- und Pflanzenbau, S. 129—165, Berlin 1950.

licher Grundlage. Man hat die große Arbeit, die *F. Aereboe*[1] 1917 in seiner „Allgemeinen Landwirtschaftlichen Betriebslehre“ geleistet hat, bisher nicht beachtet. *F. Aereboe* führt dort im Rahmen seiner Zonenlehre, die leider noch kaum gewürdigt, geschweige denn ausgebaut worden ist, auch Zonen der Unkrautbekämpfung auf. Er zeigt dort, welche Kulturmaßnahmen jeweilig je nach dem herrschenden Anbausystem gleichzeitig das Unkraut in Schach halten müssen. Daß diese Zonen der Unkrautbekämpfung aufgestellt worden sind in einer Zeit, als man biologisch nur teilweise begründen konnte, weshalb die angeführten Kulturmaßnahmen Unkrautbekämpfungsmaßnahmen sind, zeugt von der überragenden Größe *F. Aereboes*.

Im folgenden sollen diese Aereboeschen Zonen der Unkrautbekämpfung in einer zeitgemäß weiterentwickelten Form abgehandelt werden. Zur Erhöhung der grundsätzlichen Klarheit, die dadurch gefördert wird, sollen außerdem die hartnäckigsten Unkräuter vorgeführt werden in ihrer Reaktion auf die betriebswirtschaftlich jeweils berechtigten Kulturmaßnahmen, und abschließend soll gezeigt werden, wie die einzelnen Feldfrüchte die Verunkrautung beeinflussen. Damit haben wir die Anleitung zur Bekämpfung der Ackerunkräuter für den praktischen Landwirt, so weit sie die Landwirtschaftliche Betriebslehre geben kann, also die grundsätzliche Klarheit, die nach *F. Aereboe* das einzige ist, was uns im Leben nie verläßt. Wir verzichten darauf, außerdem noch eine spezielle oder angewandte Betriebslehre der Unkrautbekämpfung zu geben. Eine solche ist wie jede angewandte Betriebslehre unmöglich.

Die angewandte oder spezielle Betriebslehre der Unkrautbekämpfung, d. h. die Anwendung der von der allgemeinen Betriebslehre ermittelten Grundsätze auf den einzelnen, auf den speziellen Fall ist Sache der Bauern selbst oder ihrer Wirtschaftsberater und Agronomen. Diese Arbeit macht deren Ruhm und deren Größe aus. Wollte die Betriebslehre auch diese Arbeit übernehmen, dann würden allein für Deutschland Hunderte von speziellen Betriebslehren geschaffen werden müssen, so verschiedenartig ist im einzelnen je nach dem örtlichen Anbausystem die Unkrautbekämpfung. Der Betriebslehrer kann nur zeigen, wie der einzelne Bauer oder Wirtschaftsberater oder Agronom grundsätzlich dabei vorzugehen hat. Der einzelne Bauer, Wirtschaftsberater oder Agronom hat sein jeweiliges örtliches Anbausystem und die entsprechenden Fruchtfolgen auf

[1] *F. Aereboe*, Allgemeine landwirtschaftliche Betriebslehre, S. 353, 6. Aufl., Berlin 1923.

die Verunkrautung hin zu erforschen und zu zeigen, wie die jeweils notwendigen und berechtigten Kulturmaßnahmen gleichzeitig das Unkraut niederhalten. Dabei wird sich zeigen, daß immer wieder andere Unkräuter besondere Schwierigkeiten bereiten. In dem Buche über die Bekämpfung der Ackerunkräuter von *O. Wehsarg*, das demnächst im Akademie-Verlag erscheinen wird und zu dem die vorliegende Abhandlung eine betriebswirtschaftliche Grundlegung darstellt, sind die biologischen Eigenheiten jeder einzelnen Unkrautart angegeben. Mit Hilfe dieser biologischen Angaben wird es dem nunmehr auch betriebswirtschaftlich in der Unkrautbekämpfung geschulten Landwirt möglich sein, selbst dem hartnäckigsten Unkraut wirksam zu begegnen.

II. DIE BEKÄMPFUNG DER ACKERUNKRÄUTER DURCH DIE KULTURMASSNAHMEN DES JEWEILIGEN ANBAU- UND BETRIEBSSYSTMES

A. Die Aereboeschen Zonen der Unkrautbekämpfung in einer zeitgemäß weiterentwickelten Form

In seiner „Allgemeinen Landwirtschaftlichen Betriebslehre“ stellt *F. Aereboe* im Rahmen seiner Zonenlehre die folgenden 7 Zonen der Unkrautvertilgung beim Getreidebau und darüber hinaus beim gesamten Ackerbau auf.

1. Zone: Unkrautvertilgung vornehmlich durch Umlage des Ackerlandes im Weidelande und durch Brachhaltung
2. Zone: Unkrautvertilgung vornehmlich durch Brachhaltung und dichte Saat
3. Zone: Unkrautvertilgung vornehmlich zwischen Ernte und Bestellung der Hauptfrüchte (Stoppelpflügen) und durch dichte Saat
4. Zone: Unkrautvertilgung durch Eggen der Saatfelder und Hacken zwischen den Reihen mittels Hackmaschinen
5. Zone: Unkrautvertilgung vornehmlich durch Hacken mit Handhacken zwischen den Reihen
6. Zone: Unkrautvertilgung durch vereinigte Reihenhackkultur und Jäten mit der Hand
7. Zone: Gärtnerische Jätekultur rund um die vereinzelten oder ausgesetzten Einzelpflanzen

Unter Einbeziehung aller Feldfrüchte und unter Berücksichtigung der großen Fortschritte in der Kultur der Hackfrüchte sowie in der Bekämpfung der Ackerunkräuter durch Düngemittel, insbesondere durch Kalkstickstoff, kommen wir im Anschluß an die sieben Aereboeschen Zonen zu den folgenden fünf Zonen der Unkrautbekämpfung, in deren

Rahmen die Bekämpfung der Ackerunkräuter durch die betriebswirtschaftlich jeweils berechtigten Kulturmaßnahmen abgehandelt werden soll.

1. Zone: Unkrautbekämpfung vornehmlich durch Umlage des Ackerlandes im Weidelande
2. Zone: Unkrautbekämpfung vornehmlich durch Brachhaltung und durch dichte Saat
3. Zone: Unkrautbekämpfung vornehmlich zwischen Ernte und Bestellung (Stoppelschälen, Stoppelnachbehandlung, Herbstpflügen, Frühjahrsschleppen und Bestellungsvorarbeiten), durch Eggen der Saaten und durch Düngung, insbesondere mit Kalkstickstoff
4. Zone: Unkrautbekämpfung vornehmlich durch kombiniertes Maschinenhacken und Eggen und durch Tiefkultur
5. Zone: Unkrautbekämpfung vornehmlich durch Jäten und Handhacken (gärtnerische Jätekultur)

Die beiden ersten Zonen spielen in Deutschland kaum noch eine Rolle. Sie sollen dementsprechend sehr kurz abgehandelt werden. Verzichten können wir allerdings auf die Behandlung dieser beiden Zonen nicht, weil die grundsätzliche Klarheit dadurch so sehr gefördert wird. Darüber hinaus liefern sie einige direkt verwertbare Ergebnisse. Auch die letzte Zone wird nur in groben Zügen skizziert werden.

1. Zone: Unkrautbekämpfung vornehmlich durch Umlage des Ackerlandes im Weidelande

Die Umlagewirtschaft war z. Z. des *Tacitus* das in weiten Gegenden Deutschlands vorherrschende Wirtschaftssystem. Das meiste Land lag in Weide, und das wenige Ackerland wurde im Weidelande umgelegt. Eine eigentliche Unkrautbekämpfung auf dem Ackerlande erübrigte sich. Wenn die Erträge des Ackerlandes allmählich wegen der steigenden Verunkrautung nachließen, dann brach man erneut ein Stück Weideland zu Ackerland um und ließ das bisherige Ackerland sich wieder berasen. Heute spielt dieses Wirtschaftssystem nur noch in Ländern mit viel Bodenraum in entlegenen Gegenden eine vorherrschende Rolle. Die Unkrautbekämpfung geschieht hier immer noch ausschließlich durch die Umlage des Ackerlandes im Weidelande. Möglich ist diese Methode, weil Grünlandunkräuter im allgemeinen keine Ackerunkräuter sind und Ackerunkräuter keine Grünlandunkräuter. Die Ackerunkräuter brauchen im allgemeinen die Bodenbewegung, die der Ackerbau mit sich bringt, die auf dem Grünlande fehlt; die Grünlandunkräuter können umgekehrt die ackerbauliche Bodenbewegung nicht vertragen. Nur die Ackerdistel ist sowohl ein schlimmes Acker- als auch Grünlandunkraut. Bei Verdistelung des Grünlandes muß man vor der ackerbaulichen Nutzung eine Brache einschalten. Deshalb spricht auch wohl *F. Aereboe* in der ersten Zone von einer Unkrautbekämpfung vornehmlich durch Umlage des Ackerlandes im Weidelande und durch Brachhaltung.

Wenn auch diese erste Zone selbst in den entlegensten Gegenden mit den ausgefallensten Verhältnissen bei uns kaum noch vorkommt, so hat sie für uns doch nicht nur ein theoretisches Interesse, trägt sie nicht nur wesentlich dazu bei, die grundsätzliche Klarheit über die jeweils zweckmäßige Unkrautbekämpfung zu fördern; das biologische Prinzip, auf dem die dort angewendete Maßnahme zur Bekämpfung der Unkräuter beruht, läßt sich zum Teil bei uns direkt praktisch verwerten. „Ackerunkräuter sind keine Grünlandunkräuter", dieser biologische Lehrsatz ist grundlegend für die Behandlung der Ackerabfälle auf dem Hofe. Die unkrautsamenhaltigen Abfälle des Ackerbaus gehören auf den Komposthaufen. Auf der Wiese und Weide können sie nicht gefährlich werden, auch wenn sie im Kompost nicht völlig vergären [1]. Die Umkehrung dieses Lehrsatzes, der sich in der ersten Zone so sehr bewährt hat, ist heute bei uns nicht weniger wichtig. Wie oft müssen wir heute neues Ackerland aus Grünland gewinnen. Wie wenig wird aber dabei beachtet, daß Grünlandunkräuter keine Ackerunkräuter sind, daß also dieses neugewonnene Ackerland, abgesehen von Ausnahmefällen, auf die wir noch zu sprechen kommen werden, zuerst unkrautfrei ist und daß man es sich lange unkrautfrei erhalten kann, wenn man die beginnende Verunkrautung im Keime erstickt. Man jäte vor allem die Kartoffel von der ersten aufkommenden Melde. Eine einzige stehengebliebene Melde auf den Morgen kann schon den Acker mit über 100 Samen je qm verseuchen. Nach *W. R. Wiljams* säubert schon das fünf- bis siebenjährige Kleegrasgemenge

[1] Seit *O. Wehsargs* Untersuchungen aus den Jahren 1905—1912 über das Schicksal der Unkrautsamen im Boden, im Stallmist und im Kompost wissen wir zwar, daß die Samen der Ackerunkräuter im gut vergorenen Kompost und im gut vergorenen Stallmist zerstört werden. Aber zu einer völligen Zerstörung kommt es praktisch schon deshalb nicht, weil die Ränder kaum in volle Gärtätigkeit gebracht werden können.

in der sogenannten Futtersaatfolge oder Wiesensaatfolge, das er im Trawopolnajasystem an die Stelle des Dauergrünlandes setzt, den Boden von Ackerunkräutern.

2. *Zone: Unkrautbekämpfung vornehmlich durch Brachhaltung und durch dichte Saat*

In Deutschland wurde die Umlagewirtschaft durch die Brachwirtschaft abgelöst. Jahrhundertelang geschah die Unkrautbekämpfung auf dem Ackerlande vornehmlich durch Brachhaltung und durch dichte Saat. Heute spielt auch die Brache bei uns kaum noch eine Rolle, eher schon die dichte Saat. Überall, wo man Getreide nicht mit der Hackmaschine hackt, was wohl noch für viele Gegenden Deutschlands zutrifft, ist das in den Lehrbüchern empfohlene Drillen auf 20 cm sicherlich verfehlt und das von den Bauern geübte als rückschrittlich verschriene engere Drillen bestimmt richtig[1]. In allen Ländern mit viel Boden ist die Brachwirtschaft dagegen heute noch das vorherrschende Wirtschaftssystem und die Bekämpfung der Ackerunkräuter durch Brachbehandlung und durch dichte Saat die vorherrschende Unkrautbekämpfungsmethode. Wenn wir auch die Brache kaum noch anwenden können und die Dicksaat nur teilweise, so können wir doch aus einer eingehenden Betrachtung, weshalb die Brache eine so große unkrautreinigende Kraft hat und weshalb dichte Saat die Verunkrautung herabsetzt, sehr viel lernen. Es dürfte überhaupt keinen besseren Weg zum Verständnis der Unkrautbekämpfung geben als den über die Aereboeschen Zonen.

Die Brache ist ein außerordentlich wirksames Mittel sowohl gegen die Wurzelunkräuter als auch gegen die Samenunkräuter.

Die Brache wird im Frühjahr nach einem Überschleppen und Übereggen im frühen Frühjahr erst gepflügt und weiterbearbeitet, nachdem die anderen Früchte bestellt sind, also erst im Juni. Der Junimonat hieß deshalb auch früher allgemein der Brachmonat. „Junipflügen" berichtete aber ein so erfahrener Beobachter der Natur wie der schleswig-holsteinische praktische Landwirt *Th. Engelbrecht*, Obendeich auf eine Umfrage der DLG über Unkrautbekämpfung zu Beginn dieses Jahrhunderts, „Junipflügen vertilgt die Ackerdistel, Bearbeitung vorher fördert sie, veranlaßt sie zur ausgiebigeren unterirdischen Vermehrung". Auf Grund der Arbeiten *O. Wehsargs* wissen wir heute, weshalb die Bearbeitung im

[1] Neuerdings hat *W. Schleusener* die Richtigkeit dieser Bauernpraxis durch exakte Versuche bestätigt.

Juni, Juli und August die ausdauernden Unkräuter so stark schädigt und weshalb das vorherige und nachherige Bearbeiten sie fördert. Die unterirdischen Ausläufer der ausdauernden Unkräuter sind im Frühjahr mit Nährstoffen vollgepfropft. Werden sie im Frühjahr durch Bodenbearbeitung gestört, dann erschöpfen sie sich nicht, wie sie es sonst getan hätten, im Treiben von blühenden Trieben; sie treiben statt hochwachsender blühender Triebe nur Rosetten oder sonstige niedrigbleibende sterile Triebe und benutzen deren Assimilate ebenso wie die nicht aufgebrauchten Reservestoffe zur verstärkten unterirdischen Entwicklung. Werden sie dagegen im Frühjahr nicht oder wenig gestört, werden die im Herbst angelegten blühfähigen Knospen, die im Frühjahr zuerst austreiben, durch Frühjahrsarbeiten nicht zerstört, dann werden die Reservestoffe in den unterirdischen Ausläufern verbraucht zum Treiben der blühenden Triebe, und Anfang Juni, wenn die hochgewachsenen Triebe blühreif sind, haben sich die unterirdischen Ausläufer weitgehend erschöpft. Jetzt ist die generative Vermehrung des Unkrauts sichergestellt, und die neuen Assimilate und die geringen Reste der Reservestoffe werden nunmehr benutzt zur Bildung junger unterirdischer Ausläufer. Ein Junipflügen trifft also unter diesen Umständen das ausdauernde Unkraut in der anfälligsten Zeit. Die Reservestoffe der alten Ausläufer sind weitgehend aufgebraucht, junge Ausläufer sind noch kaum gebildet und sehr schwach, das Unkraut wird also stark geschwächt und wenn in der Folgezeit im Juli und August durch die weitere Brachbearbeitung die nachtreibenden schwachen Schößlinge immer wieder zerstört werden, dann geht das Unkraut ein. Eine Bearbeitung weiter nach dem Herbst zu trifft dagegen die Schößlinge in einem immer mehr erstarkten Zustande. Natürlich bedingt die verschiedene Natur der einzelnen Wurzelunkräuter noch unterschiedliche Bekämpfungsmaßnahmen. So genügt gegen die Ackerdistel bei den weiteren Brachearbeiten ein mehrmaliges Abschneiden der Triebe, bei der Quecke muß das Auseggen hinzukommen. Aus diesem von *O. Wehsarg* aufgedeckten Wachstumsrhythmus wird auch verständlich, weshalb die Hackfrüchte im Kampf gegen die Wurzelunkräuter kein Ersatz für die Brache sind. Der Hackfruchtschlag wird eben nicht nur im Juni, sondern auch schon im April und Mai bearbeitet und fördert dadurch die unterirdische Entwicklung der Wurzelunkräuter. Allerdings ist die starkschattende Kartoffel, wie wir später noch sehen werden, trotzdem, aber aus anderen Gründen, ein Hauptmittel im Kampf gegen die Quecke. Nur gegen die Zwiebelunkräuter, die sich schon im April erschöpfen, hat der Hackfruchtbau schlagartig vernichtend gewirkt. Diese lästigen Getreideunkräuter, die das Mehl durch die Brutzwiebeln in den Blütenständen, die mit dem Getreide geerntet wurden, ungenießbar machten, sind mit dem Aufkommen des Hackfruchtbaues verschwunden. Der Ersatz der Brache im Kampf gegen die Wurzelunkräuter ist auf den höheren Entwicklungsstufen der Landwirtschaft das Schälen und Nachbehandeln der Stoppel, der Futterbau und die Tiefkultur.

Durchschlagend wirkt die Brache auch gegen die Samenunkräuter. Die Begründung scheint selbstverständlich. Die Samenunkräuter kommen auf der Brache immer wieder zum Keimen und werden vernichtet, ehe sie Samen gebildet haben. Aber seit *O. Wehsarg* wissen wir, daß das nicht der einzige Grund ist und nicht einmal der Hauptgrund, weshalb die Brache den Ackerboden von Samenunkräutern säubert. Durch die Gare, welche die Brachbearbeitung so sehr fördert, werden die nichtgekeimten Samen der Unkräuter, die ein Vielfaches der aufgelaufenen ausmachen, weitgehend vertilgt[1]. In dieser Beziehung ist auf einer intensiveren Stufe der Landwirtschaft die Hackfrucht durchaus ein Ersatz für die Brache in der Unkrautbekämpfung. Auch der Hackfruchtbau fördert das Bakterienleben außerordentlich und trägt damit zur Vernichtung der nichtgekeimten Samen der Unkräuter in so hohem Maße bei.

[1] *O. Wehsarg* entdeckte diese große unkrautreinigende Kraft des garen Ackers durch vergleichende Untersuchungen des Bodens auf seinen Unkrautsamengehalt vor und nach einer garefördernden Frucht vermittelst fraktionierten Durchschlämmens des Bodens durch mehrere Beutel aus verschieden enger Müllereigaze und anschließenden Auszählens der Samen und Verrechnens auf die Flächeneinheit. Er fand dabei, daß der Unkrautsamengehalt durch die garefördernde Frucht um ein Vielfaches, meist um das Zehnfache der aufgelaufenen Pflanzen herabgesetzt worden war. Daß es die Mikroorganismen des garen Bodens gewesen sein müssen, die die Zerstörung des Samens bewirkt haben, zeigten Untersuchungen des Unkrautsamengehalts während des Anbaus der garefördernden Frucht. Er fand bei diesen Untersuchungen die Samen in allen Zuständen der inneren Zersetzung. Die äußerlich in ursprünglicher Form erhaltenen Samen zeigten keine Öffnung, sie waren also ohne Anzeichen einer etwa stattgefundenen Keimung und waren innen schon ganz leer oder mit einer pulverförmigen schwarzen oder noch helleren Masse ausgefüllt. (Vgl. insbesondere die Zusammenfassung dieser Untersuchungen aus den Jahren 1905—1912 in dem Artikel „Der Kampf gegen den Hederich auf biologischer Grundlage". Der praktische Landwirt 1928, Nr. 23, 24, 25). Neuere Untersuchungen zeigen sogar, daß noch weniger Unkrautsamen zum Keimen kommen. *M. Buchli* (Ökologie der Ackerunkräuter der Nordostschweiz, Bern 1936, S. 225) kommt auf Grund seiner Untersuchungen zu dem Ergebnis, daß sogar nur 5 % der im Boden enthaltenen Ackerunkrautsamen zum Keimen gelangen, bei Untersuchungen, die neuerdings im Rahmen des Trawopolnajasystems durchgeführt wurden, keimten sogar nur 1 % der im Boden vorhandenen Samen.

Dichte Saat aber ist deshalb eine so wirksame Maßnahme sowohl gegen Wurzel- als gegen Samenunkräuter, weil sie dazu führt, daß sich die Saat schneller und besser schließt. Die Kampfkraft der Kulturpflanzen gegen das Unkraut wird erhöht, weil dichter gestellte Früchte früher und stärker schatten und damit das Unkraut stärker unterdrücken. „Wo Kraut steht, da steht kein Unkraut", das ist einer der wichtigsten Lehrsätze im Kampf gegen die Ackerunkräuter. Von der dichten Saat ist um so mehr Gebrauch zu machen, je extensiver die Landwirtschaft betrieben wird, je weniger Kulturmaßnahmen im Kampf gegen das Unkraut eingesetzt werden können.

3. Zone: Unkrautbekämpfung vornehmlich zwischen Ernte und Bestellung (Stoppelschälen und Stoppelnachbehandlung, Herbstpflügen, Frühjahrsschleppen und Bestellungsvorarbeiten), durch Eggen der Saaten und durch Düngung, insbesondere mit Kalkstickstoff

Zu dieser dritten Zone gehören heute weite Gegenden von Deutschland. Nur dort, wo starker Hackfruchtbau und starker Zwischenfruchtbau betrieben werden, befinden wir uns in der vierten Zone. In der vierten Zone kommt das Hacken mit der Maschine als zusätzliche Unkrautbekämpfungsmaßnahme hinzu, das zum Teil allerdings auch in der dritten Zone schon eine Rolle spielt, ebenso wie auch in der zweiten Zone schon von den Maßnahmen der dritten Zone zum Teil Gebrauch gemacht wird.

Selbstverständlich fällt in der vierten Zone die Stoppelbehandlung weitgehend fort, weil auf dem größten Teil der Felder zu dieser Zeit Hackfrüchte und Zwischenfrüchte stehen.

Vorangestellt ist in der dritten Zone als erste Maßnahme das Stoppelschälen und die Stoppelnachbehandlung. Stoppelschälen und Stoppelnachbehandlung ersetzen hier zu einem gewissen Teil die Brache der zweiten Zone. Die Wirkung gegen die Samenunkräuter wie auch gegen die Wurzelunkräuter ist ähnlich wie dort.

Nicht sehr durchschlagend ist die Wirkung des Stoppelschälens und der Stoppelnachbehandlung auf die Distel. Die noch nicht so sehr erstarkten Distelschößlinge werden zwar beim Schälen abgeschnitten, aber die Distel ist doch schon stark genug, um erneut auszuschlagen, und diese Nachschößlinge werden durch die normale Nachbehandlung der Stoppel mit der Egge nicht zerstört. Man müßte schon einen Grubber zur Nachbehandlung der Stoppel zur Verfügung haben mit übergreifenden Füßen oder auch notfalls ein zweites Mal schälen. Dann hat man die Distel empfindlich gestört.

Stärker ist die Wirkung des Stoppelschälens gegen die Quecke. Sie wird beim Schälen abgeschnitten und dann durch das nachfolgende Grubbern und Eggen aus dem Boden gerissen. Drei heiße Tage lassen die freigelegten Queckenrhizome vertrocknen. Aber auch die nicht vertrockneten Rhizome leiden sehr stark, da sie sich nach dem jedesmaligen Rühren neu bewurzeln müssen, was ihnen den größten Teil ihrer Reservestoffe nimmt. Wenn auch die Quecke durch die Stoppelbehandlung allein nicht verschwindet, so wird sie doch so geschwächt, daß geeignete Folgemaßnahmen, von denen später gesprochen werden soll, ihr den Garaus machen.

Die Wirkung des Stoppelschälens und der Stoppelnachbehandlung auf die Samenunkräuter wird ebenso wie bei der Brache nur teilweise richtig gesehen. Gewiß laufen nach dem Schälen Samenunkräuter auf, die dann später durch die Egge zerstört werden. Aber das Auflaufen der Samenunkräuter auf der Stoppel bleibt, abgesehen vielleicht von feuchten Jahren, meist doch in engen Grenzen. Die geschälte Stoppel begrünt sich meist mehr durch das Auflaufen der ausgefallenen Frucht und durch Quecke und Distel. Wichtiger schon als die Zerstörung der auf der Stoppel aufgelaufenen Samenunkräuter ist die Zerstörung der als Unterpflanzen im Getreide wachsenden Samenunkräuter, die zum Aussamen kommen würden, wenn sie auf der ungeschälten Stoppel ungestört weiter wuchern könnten. Noch wichtiger aber ist, daß die ausgefallenen Unkrautsamen auf der ungeschälten Stoppel verhärten und dann den Bodenbakterien länger standhalten, während sie beim Stoppelschälen vor der Verhärtung in den Boden kommen und dort zusammen mit anderen, namentlich älteren Unkrautsamen den Bakterien zum Opfer fallen.

Das auf das Stoppelschälen und die Stoppelnachbehandlung folgende Herbstpflügen zur Sommerung und zu den Zuckerrüben ist deshalb dem Frühjahrspflügen vom Standpunkt der Unkrautbekämpfung so sehr vorzuziehen, weil sonst im Frühjahr wieder Schichten nach oben kommen, die vor der Bestellung nicht mehr von Unkräutern gereinigt werden können. Bei starker Verqueckung ist auch vor Kartoffeln die Tieffurche im Herbst unbedingt angebracht. Wenn die Quecke durch die Stoppelnachbehandlung so geschwächt ist, wie es soeben beschrieben wurde, dann wirkt ein Tiefpflügen im Herbst vor Kartoffeln mit Vorschäler Wunder.

Die geschwächten Quecken werden durch das Vergraben weiter geschwächt, und eine Bestellung im Frühjahr nach einem tieferen Schälen mit einer gut mit Stallmist und Stickstoff versorgten schattenden Spätkartoffel läßt die letzte Quecke unter dem dichten Kartoffeldach ersticken.

Die wichtigste und erste Maßnahme im Frühjahr vor der Bestellung ist das Abschleppen des im Herbst tiefgepflügten Ackers. Das Schleppen des Ackers halten viele Landwirte heute mit Recht für eine der wichtigsten Kulturmaßnahmen überhaupt. Auch vom Standpunkt der Unkrautbekämpfung muß man dieser Meinung beipflichten. Das Schleppen wurde in den achtziger Jahren des vorigen Jahrhunderts aus der Praxis heraus erfunden[1]. Man merkte, daß man 3—4 Tage früher auf den Acker hinauf kann, wenn man die Egge umdreht, also den Acker abschleppt. Sobald die Kämme grau werden, kann mit dem Schleppen begonnen werden, und selbst bis zur Sommergetreidebestellung, die schon nach einigen Tagen einsetzt, keimt Unkraut aus, das dann bei der Bestellung vernichtet wird. Noch viel mehr Unkraut wird nachher vor der Bestellung nach dem Schleppen vernichtet, wenn später zu bestellende Früchte, namentlich die Hackfrüchte folgen. Ein alter Spruch der Zuckerrübenbauer heißt mit Recht, daß die Hälfte der Samenunkräuter vor der Bestellung vernichtet werden muß. Allerdings kann auch mit dem Schleppen Unheil angerichtet werden. Wir können je nach der Art, wie die Äcker sich im Frühjahr präsentieren, nach *Beseler* vier Gruppen von Böden unterscheiden: die verkrustenden Äcker, die verschlämmenden Äcker, die veraschenden Äcker und die locker bleibenden Äcker. Die meisten Äcker gehören zu den verkrustenden. Hier kann und muß die Schleppe als erstes Gerät im Frühjahr eingesetzt werden, selbstverständlich vor der Verkrustung. Sie auch auf den verschlämmenden Äckern einzusetzen, wäre verfehlt. Sie greift hier gar nicht an, sondern verschmiert den Acker. Entweder müssen hier besondere Konstruktionen wie die Hardersche Schleife benutzt werden, oder Schleppen, die am vordersten Balken mit Eggzähnen versehen sind[2]. Die veraschenden Äcker dürfen überhaupt nicht abgeschleppt werden. Die Schleppe würde die Asche beiseite schieben und der darunter liegende feuchte Boden würde ver-

[1] Ökonomierat *Beseler-Weende*, Der Kampf gegen das Unkraut. In den Arbeiten der DLG, H. 17. Berlin 1897.

[2] Eine solche Schleppe ist identisch mit der von *W. R. Wiljams* empfohlenen Zahnschleppe, die am vorderen Balken eine Reihe Zinken hat, die ungefähr 1 cm stark und 4—5 cm lang sind.

härten. Hier muß man versuchen, mit der Egge Asche in die tieferen feuchteren Schichten einzuarbeiten, um den Acker so allmählich für die Bestellung vorzubereiten. Die locker bleibenden Böden schließlich werden meist gleich geeggt.

Damit wären die Bodenbearbeitungsmaßnahmen zur Unkrautbekämpfung zwischen Ernte und Bestellung geschildert. Die Bekämpfung wird fortgesetzt durch das Eggen der Saaten.

Das Eggen der Saaten ist eines der billigsten Mittel zur Saatenpflege und Unkrautbekämpfung. Voraussetzung ist leider ein paar Tage sonniges Wetter vor und nach dem Eggen. Sonst wird man keinen Eggenstrich erzielen, der die Unkräuter vernichtet, den Boden vor Wasserverlusten schützt und überhaupt die Gare des Bodens hebt. Voraussetzung ist weiter ein etwas dickeres Säen der Saat, denn auch wenn das Eggen sachgemäß erfolgt, werden doch auch die Kulturpflanzen etwas gelichtet. Auch in der vierten Zone, in der das Eggen weitgehend durch das Hacken ersetzt wird, sollte man das Eggen nicht unbedingt verwerfen, sondern gemeinsam mit der Hacke anwenden.

Die Winterung wird im Herbst meist nicht geeggt. Nur zu Wintergerste wird neuerdings ein erstes Eggen beim Spitzen des Getreides und ein zweites nach Erscheinen des dritten Blattes von *B. Rademacher*[1] empfohlen, wenn die Wintergerste von dem frühkeimenden Wintergetreideunkraut Vogelmiere und anderen weniger gefährlichen Begleitunkräutern wie Taubnessel, jähriges Rispengras, Hirtentäschelkraut u. a. zu befallen droht. Ein Eggen im Frühjahr ist unbedingt notwendig beim Winterweizen, der nicht nur später gesät wird als Wintergerste und Winterroggen und deshalb im Frühjahr noch ziemlich im Wachstum zurück ist, sondern auch im Frühjahr langsamer wächst als die beiden anderen Wintergetreidearten und deshalb wegen der geringen Bodenbeschattung sowohl die Bodenverkrustung als auch die Verunkrautung von sich aus wenig hintanhält. Meist ist ein vorheriges Walzen angebracht, um die durch den Frost gelockerten Pflanzen anzudrücken und auch die Kruste zu brechen. Ein mehrmaliges Eggen ist die Regel, auf schweren Böden sogar mit schweren Eggen. Sollte es wegen der Verunkrautung und auch der Verkrustung einmal notwendig sein, die Wintergerste im Frühjahr zu eggen, so muß man schonender vorgehen. Beim Roggen erübrigt sich ein Eggen fast immer, müßte hier auch äußerst vorsichtig vorgenommen werden.

[1] *B. Rademacher*, Gedanken zur Fortentwicklung der Unkrautbekämpfung im Getreide, Pflanzenbau, 14. Jahrg. 1938, H. 12, S. 449—465.

Auch beim Eggen der Winterung im Frühjahr ist das Stadium des dritten Blattes abzuwarten. Werden zu viele Kulturpflanzen herausgerissen oder zu viele Getreidewurzeln zerrissen, so hat man leichtere Eggen zu wählen.

Ein weiteres Anwendungsgebiet hat die Egge bei der Pflege der Sommerung. Man sollte dort mit dem Eggen nach der Bestellung nicht erst warten, bis das Unkraut aufgelaufen ist. Man sollte versuchen, es schon im Keimzustande zu vernichten, also durch ein Blindeggen 3—4 Tage nach der Saat, wenn der Acker in den obersten Schichten mit den weißen Keimfäden der Unkräuter durchzogen ist. Es kann noch einmal geeggt werden bis zum Spitzen, vor Erscheinen des ersten Blattes. Ein Eggen beim ersten und zweiten Blatt würde sehr viele Getreidepflanzen verschütten und dadurch zum Absterben bringen und außerdem bei der noch geringen Bewurzelung, lediglich durch die Keimwurzeln, sehr viele Getreidepflanzen aus dem Boden reißen. Geeggt werden kann erst wieder nach dem Erscheinen des vierten Blattes, also nach der Entwicklung der Kronenwurzeln und beim Beginn der Bestockung. Dann ist die Getreidepflanze so groß, daß sie nicht mehr verschüttet wird und auch schon durch die Kronenwurzeln so fest im Boden verankert, daß sie nicht mehr leicht aus dem Boden gerissen werden kann. Seit der Erfindung des Unkrautstriegels mit den langen Zinken kann das Eggen sehr lange fortgesetzt werden.

Sehr stark eingesetzt werden kann das Eggen auch bei der Pflege der Körnerhülsenfrüchte, insbesondere bei Ackerbohnen und bei Erbsen. Das Geheimnis des erfolgreichen Ackerbohnen- und Erbsenbaus liegt in einer dicken, frühen und tiefen Saat. Sind die Erbsen nach dem Grubberstrich 7 cm und die Ackerbohnen 8—9 cm tief in den Boden gekommen, dann kann der Unkrautstriegel bis zum Aufgehen einmal oder sogar zweimal eingesetzt werden. Nur darf kurz vor dem Auflaufen, beim Auflaufen und einige Zeit nach dem Auflaufen der beiden Hülsenfrüchte nicht geeggt werden, weil die dann glasigen Triebe abbrechen würden. Erst nachdem die ersten beiden Blätter voll entfaltet sind und die Pflanzen nicht mehr glasig sind, bei einer Höhe etwa von 5 cm, kann wieder geeggt werden und dann noch wieder, bis sie handhoch sind. Auf einer intensiveren Entwicklungsstufe wird man die Hackmaschine und die Egge kombiniert anwenden. Vorsichtig muß man bei dem Eggen der Lupinen sein. Die Lupine darf nicht tief in den Boden kommen, da sie ihre Keimblätter im Gegensatz zu Ackerbohnen und Erbsen über den Boden hebt. Ein einmaliges Eggen zwischen Saat und Aufgang wird sich aber trotzdem meist durchführen lassen. Nach dem Aufgehen wieder zu eggen, wird gar oft empfohlen, dürfte sich aber bei der geringen Unkrautwüchsigkeit der leichten Böden oft erübrigen.

Seit Erfindung des Unkrautstriegels spielt das Eggen auch im Kartoffelbau die Hauptrolle bei der Saatenpflege. Mit Hilfe des Striegelns ist es vor allem möglich geworden, des schlimmsten Kartoffelunkrautes Herr zu werden, der Melde. Die Melde ist ein Samenunkraut, das im Gegensatz zu Senf und Hederich erst sehr spät im Frühjahr keimt, vornehmlich erst im Mai und Juni, das also weniger als Senf und Hederich, die schon im März, April und Mai keimen, bei der Kartoffelbestellung vernichtet wird. Sicherlich ist es richtig, daß man die Melde leicht bekämpfen kann, wenn man die Kartoffeln vor und während des Auflaufens dauernd eggt und später abwechselnd aufhäufelt und wieder herunterschleppt. Aber dadurch bekämpft man gleichzeitig die Kartoffel. Diese Unkrautbekämpfungsmaßnahme kann man nicht als Kulturmaßnahme bezeichnen. Auf Grund namentlich der Arbeiten von *Fr. Boehm* [1] wissen wir, daß man die Kartoffel kurz vor und nach dem Auflaufen nicht bearbeiten darf, wenn man nicht großen Schaden anrichten will und daß das Häufeln nach dem Auflaufen nur kurz vor dem Schließen der Reihen einmal zu erfolgen hat. Dadurch wird der Kampf gegen die Melde erschwert. In den Tagen vor und nach dem Aufgang der Kartoffel, wenn die Kartoffel nicht bearbeitet werden darf, läuft sehr viel Melde auf, die schnell eine tiefgehende Pfahlwurzel entwickelt, also nicht mehr leicht aus dem Boden zu reißen ist, wenn wieder mit dem Eggen eingesetzt werden darf. Aber ein Bearbeiten mit dem umgekehrten Unkrautstriegel bis zum letzten Zeitpunkt, wo eine Bearbeitung vor dem Aufgang der Kartoffel noch statthaft ist, und ein mehrmaliges Bearbeiten mit dem Unkrautstriegel nach dem Aufgang der Kartoffeln, sobald das Bearbeiten wieder statthaft ist, wird, wenn das Wetter das rechtzeitige Eggen nicht zur Unmöglichkeit macht, die aufgelaufene Melde bis auf geringe Reste vernichten. Ein Nachjäten der wenigen stehengebliebenen Meldepflanzen nicht, wie es meist versucht wird, spät im Herbst, sondern zur Zeit etwa, wenn die Kartoffeln zum letztenmal für die Anerkennung selektiert werden, macht das Kartoffelfeld praktisch melderein.

Von geringer Bedeutung ist das Eggen bei der Pflege der Zuckerrüben. Möglich ist ein Eggen zwischen Saat und Aufgang bis vor dem Durch-

[1] *Fr. Boehm,* Wie erreichen wir Höchstleistungen im Kartoffelbau? M. d. DLG 1939, H. 13, S. 290 und 291 (sowie viele weitere Artikel in der DLG und in anderen Zeitschriften).

brechen der Rüben. Das spätere Eggen der Zuckerrüben, das auch möglich sein soll, hat sich nicht eingeführt.

Die dritte Maßnahme der Unkrautbekämpfung in der dritten Zone ist das Düngen. Früher wurde oft bezweifelt, daß das Düngen zu den Unkrautbekämpfungsmaßnahmen gehört. Man meinte, daß auch die Unkräuter ebenso sehr wie die Kulturpflanzen durch die Düngung gefördert würden, so daß die Kampfkraft der Kulturpflanzen gegen die Unkräuter durch die Düngung nicht gehoben würde. Wir wissen heute, daß die Düngung ein wichtiges Unkrautbekämpfungsmittel ist. Sie erhöht die Gare des Bodens und damit die unkrautreinigende Kraft des Ackers. Sie fördert das Wachstum der Kulturpflanzen mehr als das der Unkräuter und so deren Kampfkraft gegen das Unkraut. Nur in Ausnahmefällen kann einmal das Unkraut mehr Nutzen aus der Düngung ziehen als die Kulturpflanze. Das gilt, wie *J. Weigert* und *H. Weizel*[1] in einer grundlegenden Arbeit nachgewiesen haben, für einige meist für harmlos gehaltene Wintergetreideunkräuter wie Ehrenpreis und Vogelmiere, die eine sehr niedrige Wachstumstemperatur haben und der Winterung im Frühjahr die Stickstoffkopfdüngung wegnehmen und ihr Leben mit der Samenreife abschließen, ehe die Winterung, namentlich der Weizen, sie unterdrücken kann. *B. Rademacher* betont mit Recht, daß seit Aufkommen der Stickstoffdüngung namentlich die Verunkrautung der Getreidefelder mit Wicken stark zurückgegangen ist, ähnlich wie die Leguminosen auf den Wiesen bei Stickstoffdüngung zurückgedrängt werden.

Wenn man von Unkrautbekämpfung durch die Düngung spricht, meint man aber doch noch etwas Anderes, nämlich den besonderen Einsatz einiger Düngemittel gegen die Unkräuter.

Obenan steht dabei der Kalkstickstoff. Der Kalkstickstoff war, als er aufkam, das billigste Stickstoffdüngemittel, und trotzdem war der Absatz schwierig. Keiner wollte dieses unangenehme ätzende Düngemittel verwenden. Nachdem aber mehr und mehr seine unkrautvernichtende Wirkung erforscht und bekannt wurde, setzte er sich durch, obwohl er allmählich zum teuersten Stickstoffdüngemittel geworden war. Der Kalkstickstoff ist ein geradezu ideales Unkrautbekämpfungsmittel. Sein wirksamer Bestandteil, das Calciumcyanamid setzt sich in den oberen Bodenschichten, in denen die Samenunkräuter, die zum Keimen kommen, liegen, einige Tage nach der Gabe in Calciumhydroxyd und das giftige Cyanamid

[1] *J. Weigert* und *H. Weizel*, Wachstumsverlauf und Stickstoffaufnahme bei Winterweizen und efeublättrigem Ehrenpreis (Veronica hederaefolia). Praktische Blätter für Pflanzenbau und Pflanzenschutz, Jahrg. XV, 1937/38, H. 8 und 9.

um, das aber nach weiteren drei bis vier Tagen weiter umgewandelt wird in ungiftigen Harnstoff und dann weiter in die von den Pflanzenwurzeln aufnehmbaren Stickstofformen. Giftig ist der Kalkstickstoff also nur einige Tage in den oberen Bodenschichten, wo die Samenunkräuter keimen oder wurzeln. Seine giftigen und ätzenden Umsetzungsprodukte zerstören den keimenden Samen und die Wurzeln der Keimpflanzen der Unkräuter in den oberen Bodenschichten, beeinträchtigen aber kaum das in den tieferen Schichten ruhende Getreidekorn und die daraus hervorgehenden Pflanzen, wenn die Anwendung sachgemäß erfolgt. Diese sachgemäße Anwendung ist aber in den letzten 30 Jahren erforscht, so daß Fehler nicht mehr vorzukommen brauchen.

Es sind vier Formen der Anwendung des Kalkstickstoffs zur Unkrautbekämpfung streng zu unterscheiden.

1. Die Anwendung des Kalkstickstoffs zur Unkrautbekämpfung vor der Saat

Mit Absicht wird diese Anwendung vor der Saat allen anderen vorangestellt. Bei dieser Anwendung sind nämlich keine Vorsichtsmaßregeln zu beachten, abgesehen davon, daß man den Dünger möglichst 10 Tage vor der Saat gibt, damit das giftige Cyanamid schon weiter umgesetzt ist in ungiftige Stoffe, wenn die Saat in den Boden gebracht wird. Man braucht bei dieser Anwendung vor der Saat auch nicht den schwerer zu handhabenden ungeölten Kalkstickstoff zu wählen. Da der Kalkstickstoff eingearbeitet wird, ist auch beim gewöhnlichen geölten Kalkstickstoff die feine Verteilung gewährleistet; von der Verwendung des Perlkalkstickstoffs sieht man aber besser ab, wenn die unkrautbekämpfende Wirkung des Kalkstickstoffs ausgenutzt werden soll. Leider kann man von dieser Anwendung 10 Tage vor der Saat nicht sehr häufig Gebrauch machen. Die Anwendung zur Winterung 10 Tage vor der Saat ist nur in gewissem Maße möglich. Die volle Stickstoffdüngung vor der Saat würde eine Herabsetzung der Stickstoffwirkung bedeuten. Vor der Sommerung ist die Anwendung 10 Tage vor der Saat noch weniger möglich, da dadurch die Aussaat der Sommerung zu sehr hinausgezögert würde. Möglich ist aber die Kalkstickstoffdüngung vor der Saat bei allen den Früchten, die im Frühjahr etwas später bestellt werden. So hat sich mit Recht die Düngung mit 2 Ztr./vha Kalkstickstoff zu Zuckerrüben vor der Bestellung weitgehend eingebürgert. Die mit Kalkstickstoff vor der Saat gedüngten Zuckerrübenbestände sind sehr viel unkrautärmer als die sonstigen Bestände, auch wirkt das bei der Umsetzung im Boden entstehende Calciumhydroxyd günstig auf die Krümelung des Bodens ein, verhindert weitgehend ein Verkrusten der Böden. Wenn man nach dem Verziehen dann noch einen Ztr./vha leichtlöslichen Stickstoffdünger zusätzlich gibt, dann ist die Stickstoffversorgung der Zuckerrüben bestens geregelt. Auch beim Anbau von Runkelrüben, Kohlrüben, Kohl, Mohn und Lein kann man von dieser einfachen Unkrautbekämpfungsmethode der Kalkstickstoffdüngung vor der Saat Gebrauch machen.

2. *Die Anwendung des Kalkstickstoffs zur Unkrautbekämpfung auf den Kopf des Wintergetreides* [1]

a) Im Herbst. Bei der Anwendung des Kalkstickstoffs zur Unkrautbekämpfung auf den Kopf des Wintergetreides sind nun schon viele Gesichtspunkte zu beachten: die Entwicklung der Kulturpflanzen, die Entwicklung der Unkräuter, die man bekämpfen will, das Wetter während der Anwendung, das Wetter nach der Anwendung.

Da das Getreide bei der Kalkstickstoffkopfdüngung auch etwas angegriffen wird, muß es sich schon bis zu einem gewissen Grade gekräftigt haben, ehe man den Kalkstickstoff auf den Kopf anwenden kann. Gerste und Weizen, die nicht so empfindlich sind, müssen das dritte Blatt entwickelt haben, der empfindlichere Roggen das 4. Blatt. Daraus geht schon hervor, daß die Anwendung des Kalkstickstoffs auf den Kopf des Wintergetreides im Herbst meist beschränkt sein wird auf Wintergerste und rechtzeitig gesäten Roggen; Weizen und spät gesäter Roggen erreichen das unempfindliche Stadium im Herbst meistens nicht. Hier kann die Anwendung erst im Winter oder im Frühjahr erfolgen.

Die Unkräuter dürfen bei Anwendung des Kalkstickstoffs nicht schon zu stark entwickelt sein, dann wirkt die Düngung nicht durchschlagend, eine gewisse Entwicklung muß aber abgewartet werden, weil sonst noch zu viele Unkräuter nachträglich keimen. Man unterscheidet bei den hier zu bekämpfenden Wintergetreideunkräutern: Klatschmohn, Kornblume, Wicken, Windhalm, Miere und Ehrenpreis, Ackerruchgras, Ackerfuchsschwanz ebenso wie bei allen Unkräutern in der Jugend vier Entwicklungsstufen: 1. das Keimstadium (der Boden ist von weißen Fäden durchzogen), 2. das Keimblattstadium (das Unkraut ist aufgelaufen, bei den zweikeimblättrigen mit 2 Keimblättern, bei den einkeimblättrigen mit der

[1] Vgl. dazu die zusammenfassende Arbeit von *W. Makkus,* Theorie und Praxis der Kalkstickstoffanwendung im Wintergetreide, M. d. L. 1941, S. 218 und insbesondere die schönen, von *W. Makkus* mitverwerteten Arbeiten von *Kleine* und *Bannert.*

Keimscheide und dem ersten Blatt), 3. das kleine Rosetten- bzw. Büschelstadium (außer den im Keimblattstadium vorhandenen Blättern sind noch zwei weitere Blätter entwickelt), 4. das große Rosetten- bzw. Büschelstadium (es sind jetzt noch zwei weitere Blätter vorhanden). Wenn auch die Unkräuter am leichtesten im Keimstadium vernichtet werden, so ist es doch besser, aus den schon erwähnten Gründen die Zeit zwischen dem Keimblatt- und dem kleinen Rosettenstadium abzuwarten.

Es hat keinen Zweck, den Kalkstickstoff auf trockenen Boden auszustreuen, weil dann die Cyanamidbildung nicht vor sich gehen kann. Aber im Herbst wird der Boden wohl immer die nötige Feuchtigkeit haben. Man streue auf trockene Pflanzen, da in erster Linie die schon besprochene Bodenwirkung des Kalkstickstoffs und nicht dessen Blattwirkung, die wir auch noch kennenlernen werden, ausgenutzt werden soll. Bei sehr starker Verunkrautung hat es sich bewährt, bei Wintergerste und Winterweizen auf leicht feuchte Pflanzen zu streuen. Das Absterben der Unkräuter wird dadurch beschleunigt. Aber man darf unter keinen Umständen auch bei diesen beiden weniger empfindlichen Pflanzen bei stärkerem Tau oder gar Regen streuen. Die Cyanamidlösung würde dann in die tieferen Schichten abgeführt werden und dort das Getreide schädigen, statt das Unkraut in den oberen Bodenschichten zu vernichten.

Auch das Wetter nach der Anwendung ist von ausschlaggebender Bedeutung. Regentage beeinträchtigen die Wirkung, Frost und Schnee können die etwas angegriffenen Getreidebestände völlig vernichten. Man sagt, daß in den klimatisch ungünstigen Gegenden Deutschlands eine Bekämpfung der Unkräuter mit Kalkstickstoff in der zweiten Hälfte des Novembers völlig zu unterbleiben hat, in der ersten Hälfte aber auch nur unter gewissenhafter Beobachtung des Wetters durchgeführt werden darf.

Selbstverständlich darf man, wenn man Kalkstickstoff im Herbst auf den Kopf geben will, nicht schon vor der Saat mit Stickstoff gedüngt haben. Angewendet werden bei Wintergerste und Winterweizen 1 Ztr. ungeölter Kalkstickstoff/vha und bei Roggen 75 Pfd./vha.

b) Im Frühjahr. Die Bekämpfung der Wintergetreideunkräuter durch Kopfdüngung mit Kalkstickstoff im Frühjahr ist oft nicht so wirksam wie die Herbstbekämpfung. Die Unkräuter haben im Frühjahr eine sehr bedeutende Wachstumsenergie. Der Winterweizen ist aber meist noch nicht so weit entwickelt, daß gleich nach dem Erwachen der Vegetation mit der Kalkstickstoffdüngung eingesetzt werden darf. Auch im Frühjahr muß die Entwicklung des dritten bzw. vierten Blattes beim Getreide abgewartet werden. Man glaube nur nicht, daß man geschwächte Saaten mit einer Kalkstickstoffdüngung stärken könnte. Geschwächten Saaten wird man zur Stärkung zunächst eine kleine Kopfdüngung mit einem schnell wirkenden Stickstoffdüngemittel geben und dann erst nach der Kräftigung der Bestände mit der Kalkstickstoffgabe einsetzen. Ende März muß aber im allgemeinen die Bekämpfung abgeschlossen sein.

c) Im Winter zur Zeit der Vegetationsruhe. Auf besseren Böden in milden Gegenden wird die Kalkstickstoffdüngung auf den Kopf des Wintergetreides auch zur Zeit der Winterruhe des Getreides auf trockene, gesunde Bestände und gefrorenen, schneefreien Boden bei beständigem Wetter in der Zeit von Mitte Dezember bis Mitte Februar durchgeführt. Auch *A. Borchert*[1] hat seine großen Erfolge gegen Windhalm und Ackerruchgras auf den leichten Böden des Kreises Ludwigslust bei Roggen durch Kalkstickstoffgaben im Januar auf trockene Pflanzen bei trockenem Kahlfrost erzielt.

3. Die Anwendung des Kalkstickstoffs zur Unkrautbekämpfung beim Spitzen des Sommergetreides

Diese Anwendung des Kalkstickstoffs geschieht ähnlich wie bei der Kopfdüngung zum Wintergetreide auf nicht trockenen Boden, auf trockene Pflanzen bei schönem Wetter, jedenfalls nicht bei Regenwetter. Auch hier wird die Bodenwirkung des Kalkstickstoffs ausgenutzt. Obwohl auch dieses Verfahren erprobt ist, wird es doch seltener angewandt, weil das Eggen der Sommerung oft vorgezogen wird.

4. Die Anwendung des Kalkstickstoffs zur Bekämpfung von Hederich und Ackersenf auf taufeuchte Pflanzen als Beigabe zu Hederichkainit

Diese Methode der Anwendung des Kalkstickstoffs zur Unkrautbekämpfung ist am ältesten. Sie steht völlig im Gegensatz zu allen anderen Methoden, denn hier wird die Blattwirkung des Kalkstickstoffs ausgenutzt, der Kalkstickstoff also auf feuchte Pflanzen morgens im Tau gestreut, wenn die Sommerung etwa vier Blätter entwickelt hat und die Unkräuter schon über das große Rosettenstadium hinaus sind. Das Gemisch von Kalkstickstoff und Hederichkainit wird von den mehr waagerecht abstehenden breiten rauhen oder haarigen Blättern des Senfes und des Hederichs festgehalten, während es an den mehr aufrecht stehenden wachsüberzogenen glatten Getreideblättern weniger hängen bleibt. Es

[1] *A. Borchert,* Erfahrungen mit Kalkstickstoff. Meckl. Landw. Wochenschrift vom 30. September 1932.

kommt, wenn nach dem Streuen morgens im Tau ein sonniger Tag folgt, zum Eintrocknen der Lösung und zu einem Verätzen der Blätter. Eine ausschließliche Verwendung von Kalkstickstoff schaltet bei dieser Methode von vornherein aus, weil der Stickstoff zu spät zur Wirkung kommt und Zwiewuchs verursacht. Zwar hat sich nach neueren Erfahrungen die späte Stickstoffgabe im Gegensatz zu der früheren Schulmeinung darüber unter Umständen sehr bewährt, aber nicht bei Sommergetreide, sondern nur bei Wintergetreide und bei Winterölfrüchten. Als Beigabe zu Hederichkainit ist aber der Kalkstickstoff unbedingt zu empfehlen. Der Hederichkainit hat die üble Nebenwirkung, daß er die besseren Böden verkrustet. Eine Beigabe von Kalkstickstoff im Verhältnis 1 : 5—6 hebt diese verkrustende Wirkung auf. 2—3 Ztr. Hederichkainit und 30—50 Pfd. Kalkstickstoff/vha wären also eine zu empfehlende Gabe.

Der Hederichkainit ist neben dem Kalkstickstoff das andere Düngemittel, das direkt gegen die Unkräuter eingesetzt wird. Er übt in erster Linie eine Blattwirkung aus. Das Hauptanwendungsbereich ist die soeben skizzierte Anwendung gegen Hederich und Ackersenf in der Sommerung. Daneben hat aber der Hederichkainit auch eine Bodenwirkung. Namentlich in leichten Gegenden wird er im Wintergetreide gegen den Windhalm mit Erfolg angewandt. Leider ist aber die Wirkung noch nicht so erforscht wie beim Kalkstickstoff. Weitere Forschung ist hier vordringlich. Diese Bodenwirkung ist nach Versuchen von *J. Weigert* und *H. Weizel*[1] übrigens auch noch anderen Düngemitteln, so den Ammoniak- und Salpetersalzen eigen.

4. Zone: Die Bekämpfung der Ackerunkräuter vornehmlich durch kombiniertes Maschinenhacken und Eggen und durch Tiefkultur

Die intensiveren Gegenden Deutschlands fallen in diese Zone. Ein umfangreicher Hackfruchtbau und ein ausgedehnter Zwischenfruchtbau machen die Nachbehandlung der umgepflügten Stoppel unmöglich. Aber die vielen Zwischenfrüchte führen oft zu einem Bearbeiten in der anfälligsten Zeit der Wurzelunkräuter, die höhere Bodenkultur tut ein weiteres, hier ohne die Stoppelnachbehandlung mit dem Samenunkraut fertig zu werden. Der starke Hackfruchtbau bedingt das reichliche Vorhandensein von Hackmaschinen, die auch bei der Pflege und damit der

[1] *J. Weigert* und *H. Weizel*, Wirkung verschiedener Handelsdüngemittel auf das Auflaufen von Samenunkräutern. Praktische Blätter für Pflanzenbau und Pflanzenschutz, 1936, H. 5.

Unkrautbekämpfung der anderen Feldfrüchte eingesetzt werden statt der Egge. Aber besser wäre es, überall zu einem kombinierten Einsatz von Hackmaschine und Egge zu kommen. Die Egge allein würde doch auch die Kulturpflanzen schädigen, was auf dieser Stufe nicht mehr tragbar ist, zusammen mit der Hackmaschine schädigt sie kaum noch und führt zu einem reineren Feld, da sie nicht nur wie die Hacke die Zwischenräume bearbeitet, sondern darüber hinaus die Reihen selbst. An sich ist der große Vorteil der Hacke gegenüber der Egge die tiefere Bodenbearbeitung und dadurch die stärkere Hebung der Bodengare. Daß die Hacke im Gegensatz zur Egge auch die ausdauernden Unkräuter abschneidet, ist kein so großer Vorzug, wie gewöhnlich angenommen wird, weil dieses Abschneiden oft zur unrechten Zeit geschieht und damit das Unkraut nur oberirdisch im Anwendungsjahr selbst zurückhält, nicht aber auf die Dauer gesehen. Ich habe im Gegensatz zu *F. Aereboe* davon Abstand genommen, das kombinierte Anwenden von Maschinenhacke und Handhacke als Charakteristikum dieser Zone herauszustellen. Zur Zeit von *F. Aereboe* konnte man annehmen, daß eine solche als besondere Zone herausgestellt zu werden verdiente, aber das Handhacken des Getreides geschah damals doch nur deshalb, um die billigen Wanderarbeiter, die zur Zuckerrübenbearbeitung hereingeholt wurden, in den Zeiten nicht unbeschäftigt zu lassen, wo die Zuckerrüben nicht genug Arbeit boten. Unser Streben geht heute in eine ganz andere Richtung. Wir wollen die Handhacke auch bei der Hackfrucht möglichst ausschalten. Bei der Kartoffelkultur ist uns das bereits gelungen. Hier werden wir heute schon maschinell mit dem Unkraut fertig und gleichzeitig mit dem Offenhalten des Bodens. Bei der Zuckerrübenkultur sind wir auf dem Wege zu diesem Ziele. Überall, wo Hackmaschinen mit Hohlschutzscheiben vorhanden sind, ist die erste Handhacke lange durch die Maschinenhacke ersetzt. Nur eine Rundhacke ist heute noch notwendig nach dem Verkrehlen, die auch nicht so schnell entbehrlich gemacht werden kann.

Ein wesentliches Mittel zur Unkrautbekämpfung wird in dieser Zone die hier notwendige Tiefkultur zu Zuckerrüben usw. sein. Der Hackfruchtbau vermehrt durch das viele Hacken zur Unzeit die Distel so sehr, daß die Verdistelung in intensiven Betrieben oft erschreckend zunimmt. Die Tiefkultur mit dem Zweischichtenpflug zerstört die Schicht unter der normalen Ackerkrume, in der die Ausläufer der Distel liegen und wird so wesentlich dazu beitragen, auf dieser intensivsten Stufe der Landwirtschaft, die Verdistelung zu verhindern, ohne daß zu Sondermaßnahmen gegriffen zu werden braucht.

5. Zone: Unkrautbekämpfung vornehmlich durch Handhack- und Jätekultur (Gärtnerische Jätekultur)

Im Gartenbau werden nicht nur auf einigen Flächen, sondern auf allen Flächen zwei oder sogar drei Kulturen nacheinander in einem Jahre angebaut. Auch mehrere Kulturen nebeneinander sind oft die Regel. Handhack- und Jätekultur sind hier infolgedessen, abgesehen von der hohen Bodenkultur, die dem Gartenbau eigentümlich ist, die Hauptmittel der Unkrautbekämpfung. Sicherlich wird der Gartenbaufachmann innerhalb des Gartenbaus noch mindestens ebensoviele Zonen aufstellen können, wie wir es innerhalb der Landwirtschaft getan haben. Wir möchten hier aber von jeder weiteren Unterteilung absehen, da es uns ja nur auf die Gewinnung der prinzipiellen Klarheit ankommt und nicht auf die Einzelheiten. Auch innerhalb der Landwirtschaft gibt es, wie hier noch einmal wiederholt werden mag, nicht nur die vier von uns aufgestellten Zonen, sondern in einem so kleinen Raum wie Deutschland schon Hunderte von Zonen. Aber diese im einzelnen herauszustellen, ist nicht Sache der Allgemeinen Landwirtschaftlichen Betriebslehre, sondern der angewandten oder speziellen Betriebslehre, die die Angelegenheit der Bauern selbst und ihrer Wirtschaftsberater ist.

Zur Vermeidung von Mißverständnissen sei abschließend ausdrücklich darauf hingewiesen, daß es bei den Aereboeschen Zonen immer heißt Unkrautbekämpfung „vornehmlich“ durch diese oder jene Maßnahme. Selbstverständlich können auch die Methoden anderswo als in der betreffenden Zone teilweise mitverwendet werden. Wenn man z. B. Flachs anbauen will, so muß man schon jäten, also eine Maßnahme der fünften Zone anwenden, auch wenn der Flachs in der zweiten Zone angebaut werden sollte. Ähnliches trifft auch beim Anbau von Möhren, Zwiebeln usw. in den nicht zum Gartenbau gehörenden Zonen zu. Allerdings wird man den Anbau dieser Gartenfrüchte, wenn sie als Feldfrüchte angebaut werden, den Möglichkeiten dieser landwirtschaftlichen Zone anpassen, also die Gartenfrüchte möglichst nach Hackfrucht stellen, damit man wenig Jätearbeit hat, die Möhren z. B., wenn es nicht ausgesprochene Frühmöhren sind, erst später säen, um die Unkrautbekämpfung, ähnlich wie bei den Zuckerrüben, weitgehend durch Egge und Düngung vor der Saat vornehmen zu können. Noch mehr betont zu werden verdient, daß das Jäten, die Hauptunkrautbekämpfungsmaßnahme der fünften Zone, auch in allen anderen Zonen teilweise zusätzlich angewendet werden muß, wenn man mit dem Unkraut wirklich fertig werden will. So sahen wir schon, daß die Kartoffeln auf Melde nachgejätet werden müssen, wenn man den Kampf gegen sie erfolgreich bestehen will. Aber immer handelt es sich in den anderen Zonen um ein solches bloßes Nachjäten, ein Nachjäten in einer Frucht, in der sonst einige wenige stehengebliebene Unkräuter den Acker wieder verseuchen würden. Auf die Einzelheiten werden wir später zurückkommen.

Zusätzliche Bemerkungen über die Maßnahmen, die in allen Zonen angewendet werden müssen

(Reines Saatgut, Hofhygiene, Feldhygiene)

Zu den einer Zone eigentümlichen Unkrautbekämpfungsmaßnahmen kommen noch einige weitere Maßnahmen, die überall angewendet werden müssen. Überall muß man reines Saatgut verwenden, muß man Hof- und Feldhygiene betreiben.

Reines Saatgut wird leider noch nicht überall angewendet. *O. Wehsarg* hat vor 40 Jahren die Saatgutreinheit in einer Reihe von Betrieben, auch gut geleiteten Betrieben, überprüft und dabei Feststellungen gemacht, die zu denken geben. Meist wurden 5—10 Unkrautsamen je qm mit dem Getreidesaatgut ausgesät. Es wäre an der Zeit, daß die Wirtschaftsberater diese Wehsargschen Untersuchungen in recht vielen Gegenden wiederholen würden. Wahrscheinlich würden dabei Feststellungen gemacht werden, die noch mehr zu denken geben als die von *Wehsarg*.

Selbstverständlich verschwinden die Samenunkräuter nicht durch die Verwendung von unkrautreinem Saatgut. Aber es wird eine Neuinfektion über das Saatgut vermieden und der schwere Kampf gegen das Unkraut somit erleichtert. Nur diejenigen Ackerunkräuter verschwinden nach Verwendung unkrautreinen Saatgutes ohne alle weiteren Maßnahmen, deren Samen im garen Ackerboden so schnell zersetzt werden wie die nicht gekeimten Samen der Getreidearten, was leider nur für wenige aber z. T. früher sehr gefürchtete Unkräuter zutrifft.

Praktisch so gut wie verschwunden ist seit der Anwendung des Trieurs die ehemals im Wintergetreide so häufige und gefährliche *Kornrade*. Nur wo ständig Getreide auf Getreide gebaut wird, kann sie sich durch Samenausfall etwas erhalten. Aus Winterwickensaatgut ist sie allerdings maschinell nicht zu entfernen und tritt damit neuerdings bei Verwendung von unreinem Winterwickensaatgut gelegentlich wieder auf.

Praktisch so gut wie verschwunden ist seit der Verwendung guter Windfegen die *Roggentrespe.* Sie war früher eines der gefürchtetsten Wintergetreideunkräuter. Nach feuchten Herbsten trat sie manchmal so stark auf, daß die Volksmeinung aufkommen konnte, der Roggen habe sich im Frühjahr in Roggentrespe verwandelt. Hätte man im Herbst genauer zugesehen, so wären die behaarten Roggentrespentriebe von den Roggentrieben leicht zu unterscheiden gewesen.

Praktisch so gut wie verschwunden ist seit der Verwendung des Magneten bei der Kleesamenreinigung die ehemals so verheerend auftretende *Kleeseide.* Dieser Vollschmarotzer hält sich nicht, wie man früher glaubte, im Boden, bis wieder Klee angebaut wird, um dann auf gewisse Reize von der Kleepflanze hin wieder auszukeimen. Die Kleeseide erhält sich vielmehr ausschließlich durch kleeseidehaltiges Saatgut. Deshalb sieht man sie neuerdings wieder häufiger, weil die Bauern sich oft das Saatgut selbst gewinnen, ohne es auf Spezialmaschinen, die allein die Kleeseidesamen herauszusortieren vermögen, zu reinigen, also kleeseidebesetztes Saatgut verwenden.

Sehr zurückgegangen sind mit der besseren Saatgutreinigung die Halbschmarotzer *Ackerklappertopf* und *Ackerwachtelweizen.*

Auch die *Wickenplage* hat seitdem nachgelassen. Allerdings hat dazu auch die steigende Stickstoffdüngung, wie *B. Rademacher* mit Recht betont, beigetragen. Immerhin kann aber die zweisamige *Zitterwicke* mit den nichtaufplatzenden Hülsen von Roggenkorngröße doch heute noch zur Plage werden, da die Hülsen aus dem Saatgut nur durch den Tischausleser entfernt werden können, der aber selbst in Saatgutwirtschaften nur ausnahmsweise verwendet wird.

Die *Hofhygiene* soll vor allem verhindern, daß die mitgeernteten Unkrautsamen über den Mist wieder auf das Feld zurückkommen. Zwar werden, wie *O. Wehsarg* nachgewiesen hat, die Unkrautsamen in gut vergorenem Mist zersetzt, aber es erhalten sich doch an den Rändern unter allen Umständen Samen gesund. Auch beim Gang durch den Tiermagen gehen die Samen nur teilweise ein. Selbst das Huhn scheidet noch keimfähige Samen aus, um so mehr, als die Hühner über das Hinterkorn und das Suchfutter besonders viele Unkrautsamen zu sich nehmen. Hühnermist gehört deshalb unter allen Umständen auf das Grünland, wo er, wie Kunstdünger oder besser Guano ausgestreut, Wunder wirkt. Die unkrautsamenhaltigen Abfälle des Ackerbaues gehören aber nicht in den Mist, sondern auf den Komposthaufen, wie schon bei Abhandlung der ersten Zone des näheren begründet wurde. Nach *O. Wehsarg* hält sich die

Kornblume fast ausschließlich durch die Wiederzuführung über schlechtvergorenen Hofmist.

Ebenso wie dem Acker wieder Unkrautsamen zugeführt werden durch schlechtvergorenen Mist und schlechtgereinigtes Saatgut, kann eine Wiederverseuchung der Äcker auch von dem *Ackerrain* immer wieder erfolgen. Besonders trifft das natürlich für diejenigen Unkräuter zu, deren Samen einen hohen Flugkoeffizienten aufweisen, also durch den Wind angeweht werden, d. h. für Windhalm und ähnliche Unkräuter mehr. Aber fast alle Unkräuter werden vom Rain aus immer wieder verbreitet. Das bekannte Bild, daß die Ackerränder immer stärker verunkrautet sind als das Feld, daß das Feld gleichsam eingerahmt ist von einem breiten Unkrautrahmen, wird erst verschwinden, wenn man Feldhygiene betreibt, die Ackerraine mäht, bevor die Unkräuter dort aussamen und Wert legt auf die Randfurche und die sorgfältige Behandlung des Vorgewendes. „Zu einem schönen Bilde gehört ein schöner Rahmen“ [1]. Dieser Grundsatz sollte mehr befolgt werden, selbst auf die Gefahr hin, daß man verdächtigt wird, man wolle durch den Rahmen etwas vortäuschen, was das Bild nicht hält. Im gewissen Sinne gehört auch die Herstellung der Gare zur Feldhygiene. Aber diese Gare wird in allen Zonen durch andere Maßnahmen erzeugt. Wo aber die Gare nicht zu erzeugen ist, weil der Boden zu naß ist, da wird man nicht Herr über das Unkraut. Dränage ist also eine Voraussetzung für erfolgreiche Unkrautbekämpfung.

Oft werden außerdem noch die *Fruchtfolgemaßnahmen* zu denjenigen Unkrautbekämpfungsmaßnahmen gezählt, die in allen Zonen angewendet werden. Richtig ist, daß die Fruchtfolge in jeder Zone von größter Bedeutung für das Auftreten und für das Bekämpfen der Unkräuter ist. Aber eine eigentliche Unkrautbekämpfungsmaßnahme stellt die Fruchtfolge nicht dar. Die jeweils zu wählende Fruchtfolge wird vom Anbauverhältnis bestimmt, und das zu wählende Anbauverhältnis hat ganz andere Bestimmungsgründe. Es ist geradezu eine Hauptaufgabe der Unkrautbekämpfung, im Rahmen des jeweils aus sonstigen Gründen notwendigen Anbauverhältnisses und der daraus folgenden Fruchtfolge mit dem Unkraut fertig zu werden. Richtig ist nur, daß man innerhalb der Fruchtfolge gewisse Abänderungen in der Reihenfolge der Kulturen treffen kann zur besseren Bekämpfung des Unkrauts, Abänderungen, die das Anbauverhältnis nicht stören und daß man bei der Sortenwahl die Verunkrautung berücksichtigen kann.

[1] Ausspruch des Oberamtmanns *F. Schreiber*, Ohlhof.

Zusätzliche Bemerkungen über Sondermaßnahmen

(Bespritzen mit Eisenvitriol, Raphanit, Gelbspritzmitteln und synthetischen Wuchsstoffen)

Lediglich in Ausnahmefällen, beispielsweise wenn man sehr verunkrautete Felder übernimmt und die Felder in einer niedrigen Bodenkultur sind, wenn einseitige Fruchtfolgen eingehalten werden müssen, weil wie in den Gebirgen vorzugsweise nur Sommerung angebaut werden kann und in ähnlichen Ausnahmefällen, wo man mit Hilfe der Kulturmaßnahmen allein nicht Herr wird über das Unkraut oder doch nicht schnell genug, kann es richtig sein, zu den Sondermaßnahmen zu greifen, zu den Giften.

Gänzlich absehen wollen wir dabei von den sog. totalen Giften, die jeden Pflanzenwuchs töten. Am bekanntesten ist das *Natriumchlorat*, das auf dem Grünlande auf die Rasenschmielenbülte gestreut wird und diese zum Absterben bringt. Auf dem Acker ist eine solche auch nur stellenweise Anwendung selbst auf Huflattichnester, an die vielleicht gedacht werden könnte, kaum zu empfehlen. Erst nach Verlauf von mehreren bis vielen Monaten ist das Gift so weit aus dem Boden ausgewaschen, daß man wieder Kulturpflanzen anbauen kann. Dann könnte man aber besser brachen, wodurch nebenbei auch die Bodenfruchtbarkeit gehoben würde. Noch weniger als von Natriumchlorat wollen wir von den sonstigen totalen Unkrautbekämpfungsgiften sprechen, den arsen- oder rhodanhaltigen Mitteln, die unter so vielversprechenden Namen wie „Unkraut Ex“ im Handel sind und nur auf Wegen und Plätzen, auf landwirtschaftlich oder gärtnerisch nicht benutzten Flächen, eine gewisse Berechtigung haben können.

Behandelt werden sollen hier ausschließlich die sog. „selektiv“ wirkenden Mittel, die das Unkraut angreifen, aber nicht die Kulturpflanzen, oder wie wir gleich richtiger hinzufügen wollen, die Kulturpflanzen in geringerem Grade.

Allerdings scheint eins dieser selektiven Mittel unter bestimmten Bedingungen sogar zu einem Kulturmittel werden zu können; es ist das Raphanit.

Das Hauptspritzmittel war früher das *Eisenvitriol* (Eisensulfat). Es kam in einer 20—30 %igen Lösung in Gaben von 800 l/ha hauptsächlich gegen Hederich und Ackersenf zur Anwendung. Gespritzt wurde mit einer Hederichspritze auf trockene Pflanzen bei beständigem Wetter, wenn die Hederich- und Senfpflanzen im großen Rosettenstadium waren. Von

Nachteil ist, daß die Auflösung des Eisenvitriols sehr umständlich ist, daß die Lösung die Düsen verstopft und daß die Lösung gegen Hederich und Ackersenf nur bis zum großen Rosettenstadium, aber nicht bis zur Blüte wirkt.

Alle diese Nachteile des Eisenvitriols hat das Raphanit nicht. Die Anwendung dieses Kupfersalzes geschieht auch mit Hilfe der Hederichspritze in Gaben von 800 l/ha in einer Konzentration von 3—5 %. Die Lösung ist leicht herzustellen, sie verstopft die Düsen nicht, sie greift von den Metallen nur Eisen an; sie wirkt nicht nur gegen Ackersenf und Hederich, sondern auch gegen andere Sommergetreideunkräuter wie Hohlzahn, Melde und Knöterich; sie wirkt gegen Senf und Hederich noch, wenn sie blühen, und die Wirkung wird nicht beeinträchtigt, auch wenn schon nach einem halben Tage Regen fällt. Vor allem hat sich aber herausgestellt, daß diese Lösung auf kupfermangelkranken Böden mit der sog. Heidemoorkrankheit den Kupfermangel beseitigt, also dort ein Düngemittel ist. Noch wichtiger aber ist die Beobachtung von *L. Angermaier* [1], daß Raphanit das Lagern des Karlshulder Roggens auf Moorböden verhindert und dort somit einen der größten Mängel beseitigt, unter dem der Getreidebau auf Moorboden leidet. Dieser Moorroggen wurde durch die Bespritzung mit Raphanit zu normalen Erträgen gebracht.

Neuerdings sind außer dem Eisenvitriol und dem Raphanit auch noch *Gelbspritzmittel* nach Art der im Obstbau zur Winterspritzung verwendeten im Handel, deren wirksamer Bestandteil Dinitrokresol-Verbindungen sind (Raphatox Gelb, Goslarit Gelb). Auch sie werden in Gaben von 800 l/ha in einer Konzentration von 1—2 % (je nach Vorschrift) gegeben. Ein Nachteil der Dinitrokresol haltigen Mittel ist ihre Giftigkeit und außerdem ihre unangenehme Eigenschaft, Haut und Haare gelb zu färben. Ein großer Vorteil ist, daß sie nicht nur zu Sommergetreide und Wintergetreide, sondern auch in geringerer Konzentration zu Erbsen, Lein und Zwiebeln, wenn diese etwa 10 cm lang sind, gegeben werden können. Da Lein und Zwiebeln durch Kulturmaßnahmen allein nicht reinzuhalten sind, scheint eine allgemeinere Anwendung bei diesen unkrautgefährdeten Kulturen vielleicht am Platze. Durch richtige Stellung in der Fruchtfolge und beim Lein auch durch Kalkstickstoffdüngung

[1] *L. Angermaier*, Moorwirtschaftsstelle Ingolstadt, Vermeidung von Lagerfrucht. D. L. P. 1939, Nr. 48, S. 546.

vor der Saat kann man allerdings die notwendige Jätearbeit auch schon beträchtlich herabsetzen.

Am stärksten propagiert von den selektiven Unkrautbekämpfungsmitteln werden im Augenblick gewisse *synthetische Wuchsstoffe*, die schon länger in den USA angewendet werden. Leider muß man gerade hier vor übertriebenem Optimismus besonders warnen. Es muß zunächst einmal das unterstrichen werden, was *B. Rademacher*, der diese neuartigen Bekämpfungsmittel besonders eingehend studiert hat, zusammenfassend schreibt[1], „Die Unkrautbekämpfung mittels selektiv wirkender synthetischer Wuchsstoffe stellt zweifellos eine neuartige und höchst interessante Bereicherung unserer Bekämpfungsmittel dar. Sie ist aber keineswegs soweit erforscht, daß man ihre Anwendung in der großen Praxis unbedenklich empfehlen könnte.

Wir müssen uns darüber klar sein, daß es sich hier nicht wie bisher um einfache zelltötende Stoffe handelt, sondern um solche, die tief in den Stoffwechsel selbst eingreifen und deren eigentliche Wirkungsweise und letzte Auswirkungen wir nicht übersehen".

In Deutschland macht vor allem das synthetische Hormonpräparat U 46 der Badischen Anilin- und Sodafabrik von sich reden. Daneben ist noch „Borcherts Selekton" auf dem Markte.

Es handelt sich bei der Anwendung der Hormonpräparate um eine Überdosierung von Wuchsstoffen, die eine ungehemmte Zellenvermehrung herbeiführen, so daß die Unkräuter sich totwachsen, sich erschöpfen. Aber diese Meinung der Praxis ist nur die halbe Wahrheit. Es handelt sich nicht nur um die Förderung eines ungehemmten Zellenwachstums, sondern das Wachstum kommt durcheinander. Es ist keine Harmonie mehr in der Pflanze vorhanden. Es kommt beim Wachsen zu Verdrehungen und Verkrüppelungen.

Seitdem der Botaniker *H. Borriss* fand, daß gewisse Wuchsstoffe die zweikeimblättrigen Pflanzen bei Überdosierung im Wachstum durcheinanderbringen, während sie die einkeimblättrigen, also unsere Gräser und Getreidearten kaum beeinträchtigen, hat man in den USA diese Entdeckung für die Unkrautbekämpfung auszumünzen versucht. Auch heute noch lassen sich, wenn wir von den Schachtelhalmen und anderen Nichtblütenpflanzen absehen, nur zweikeimblättrige Unkräuter in einkeimblättrigen Kulturpflanzen bekämpfen.

[1] *B. Rademacher*, Neuartige Unkrautbekämpfungsmittel auf Wuchsstoffgrundlage. Zeitschr. f. Pflanzenkrankheiten (Pflanzenpathologie) und Pflanzenschutz. 55. Bd. 1948, H. 7/8, S. 210—213.

Aber kein Forscher hat bisher zu behaupten gewagt, daß diese Mittel das Getreide nicht angreifen; sie greifen es nur weniger an. Jedenfalls muß man mit der Anwendung warten, bis das Getreide sich bestockt hat, weil es sonst auch Schaden nimmt, und mit der Anwendung aufhören, wenn es Ähren schiebt, weil es dann wieder Schaden nimmt. Sollte es in der Zwischenzeit nicht auch Schaden nehmen? Wie ist im übrigen die Wirkung auf das Bodenleben? Bringt es das Bodenleben nicht auch völlig durcheinander? Bisher liegen darüber überhaupt noch keine Untersuchungen vor.

Nach alledem ist größte Vorsicht geboten. Gegenüber den sonstigen Spritzmitteln stellen diese Hormone sowieso keinen Fortschritt dar bei der Bekämpfung der Samenunkräuter. Sie haben allerdings im Gegensatz zu allen anderen selektiven Spritzmitteln eine ausgesprochene Wirkung auf die oberirdischen Teile der Disteln, des Acker- und des Sumpfschachtelhalmes. Allerdings töten sie bei einmaliger Anwendung keineswegs auch die unterirdischen Ausläufer, vielleicht werden auch diese bei mehrmaliger Anwendung stärker angegriffen. Man möge die Anwendung der Hormonpräparate gegen diese Wurzelunkräuter versuchen, wenn man sich nicht anders zu helfen weiß. Sie ersetzen das Distelstechen, im besten Falle sogar das Distelausziehen.

Auch bei diesen Spritzmitteln werden 800—1000 l/ha angewandt; U 46 wird gespritzt in einer Konzentration von 0,05—0,15 %. Die normale Lösung ist 0,1 %. Borcherts Selekton wird angewendet in einer Konzentration von 0,25—0,5 %.

Bei Kleeuntersaat darf keines der selektiven Giftmittel angewandt werden, wenn man den Kleebau nicht in Frage stellen will. Der Rat, den Klee erst nach der Behandlung anzusäen, ist billig. So spät eingesäter Klee gerät nur in sehr ozeanischen Gegenden. In allen anderen Gegenden ist früheste Klee-Einsaat die unbedingte Voraussetzung eines üppigen Kleebestandes. Bei Anwendung der Hormonpräparate ist sogar eine nachträgliche Klee-Einsaat unmöglich.

Daß allgemein empfohlen wird, den Saaten nach Behandlung mit den selektiven chemischen Mitteln durch eine Stickstoffgabe aufzuhelfen, zeugt davon, daß auch die Befürworter dieser Mittel von der schädigenden Wirkung auf das Getreide überzeugt sind. Sonst könnten sie diesen unmöglichen Rat nicht geben. Denn eine so späte Stickstoffdüngung verträgt das Sommergetreide nicht. Dort werden aber die selektiven Gifte vorwiegend angewandt.

Abgesehen von den hier genannten Unkrautbekämpfungsmaßnahmen sind natürlich noch ganz andersartige denkbar. So hat man in Australien eine Opuntia, die sich dort zu einer der größten Landplagen entwickelt hatte, dadurch auszurotten verstanden, daß man ihren größten natürlichen Feind aus der Insektenwelt einführte. Das Insekt bekam ein Denkmal in der Hauptstadt des Landes. Aber bei uns sind ähnliche Methoden wohl gelegentlich vorgeschlagen, aber bisher nie realisiert worden. *H. L. Wernecks* Beobachtung [1], daß der in Österreich so verbreitete Kleeteufel oder Kleewürger oft derartig stark von gewissen Fliegenlarven befallen ist, daß dieser gefürchtete Vollschmarotzer ohne zu fruchten eingeht, konnte bisher nicht ausgewertet werden. Wahrscheinlich hilft gegen den Kleeteufel aber auch schon ähnlich wie gegen die Kleeseide reines Saatgut, das allerdings gegendweise geschlossen angewendet werden müßte, weil der staubförmige Samen sonst von befallenen Nachbarfeldern meilenweit durch den Wind immer wieder angeweht würde. Wegen der derzeitigen praktischen Bedeutungslosigkeit der Bekämpfung der Ackerunkräuter durch die natürlichen Feinde, wollen wir es deshalb mit diesem Hinweise genug sein lassen.

[1] *H. L. Werneck,* Der Kleeteufel in Oberösterreich und seine natürlichen Feinde. Nachrichten auf dem Gebiete des Pflanzenschutzes. Folge 6, S. 226/27.

B. Die Reaktion der hartnäckigsten Unkräuter auf die Kulturmaßnahmen des jeweiligen Anbau- und Betriebssystems

Im Rahmen bzw. in einer Weiterentwicklung der Aereboeschen Zonen der Unkrautbekämpfung haben wir soeben gezeigt, welche Kulturmaßnahmen jeweils zur Bekämpfung der Unkräuter einzusetzen sind. Wir haben anschließend die Kulturmaßnahmen aufgezählt und kurz erläutert, die überall zusätzlich angewendet werden, abschließend wurde der Einsatz der Sondermittel, der chemischen Unkrautbekämpfungsmittel, gewürdigt. Man könnte meinen, daß damit alles getan wäre, was die Allgemeine Betriebslehre zur Herausarbeitung der prinzipiellen Klarheit tun kann. Zur weiteren Förderung der prinzipiellen Klarheit können wir aber doch noch einen anderen Weg einschlagen, der im Gegensatz zu dem zuerst gewählten Weg nicht zeigt, welche Kulturmaßnahmen jeweils gegen das Unkraut angewendet werden, sondern umgekehrt, wie die hartnäckigsten Unkräuter auf die jeweils angewendeten Kulturmaßnahmen reagieren. Es sollen dabei nacheinander die hartnäckigsten Wurzel- und Samenunkräuter berücksichtigt werden.

a) Die Wurzelunkräuter

Unter „Wurzelunkraut" fassen wir alle diejenigen Ackerunkräuter zusammen, die der Landwirt darunter versteht, also alle diejenigen Unkräuter, die sich durch Ausläufer vermehren, seien es nun Wurzelausläufer im botanischen Sinne wie bei der Ackerdistel oder Stengelausläufer wie bei der Quecke. Zwar soll nach *O. Wehsarg* die botanische Unterteilung in Stengel- und Wurzelausläufer auch landwirtschaftlich von Belang sein; aber die landwirtschaftlichen Unterschiede sind noch so wenig herausgearbeitet, daß wir vorläufig noch von dieser botanischen Unterteilung absehen wollen.

1. Die Quecke

Die Quecke soll an den Anfang dieser Ausführungen gestellt werden, weil die Niederhaltung der Quecke die Voraussetzung der geplanten Ertragssteigerungen und Anbauausweitungen über den Zwischenfruchtbau ist. Leider ist in der Praxis ein irriger Lehrsatz über die Vertilgung der Quecke weit verbreitet, der einer wirksamen Bekämpfung sehr im Wege steht. Man glaubt, daß die Quecke in erster Linie durch Hacken zu vertilgen sei. Zur Beseitigung dieser Irrlehre sei hier deshalb zunächst vorausgeschickt, was die Unkrautforschung in den letzten 50 Jahren über die Wirksamkeit der verschiedenen Bekämpfungsmaßnahmen herausgefunden hat. Drei Forscher haben sich besonders verdient gemacht: *L. Althausen*[1], *C. Kraus*[2], *O. Wehsarg*[3].

Die eingehenden Versuche *L. Althausens* haben ergeben:

1. daß ein wöchentlich wiederholtes Abschneiden aller oberirdischen Organe die Quecke nicht unterdrückte, daß also ein dauerndes Abweiden die Quecke nicht niederhält;

2. daß ein wöchentliches Abschneiden der Quecke 1 cm unter dem Boden erst nach 12maligem Abschneiden zum Eingehen der Quecke führte, daß also die Quecke durch Hacken allein praktisch schwerlich zu bekämpfen ist;

3. daß die Queckenausläufer auf Sandboden 25 cm tief, auf lehmigem Sandboden 20 cm tief, auf Lehmboden 15 cm tief und auf Tonboden 10 cm tief vergraben werden mußten, ehe sie nicht mehr austrieben, daß man also Sandböden 50 cm tief, lehmige Sandböden 40 cm tief, Lehmböden 30 cm tief und Tonböden 20 cm tief pflügen müßte, wenn man die Quecke durch Unterpflügen ersticken wollte. Nur auf den schwereren Böden kann also diese so oft gepriesene Maßnahme allein zum Erfolge führen; Rübenbetriebe mit Dampfpflugkultur sind aus diesem Grunde oft schon queckenrein;

4. daß die Queckenausläufer im Sommer in der heißen Sonne getrocknet nach drei Tagen eingingen, hingegen im Schatten getrocknet erst nach zwölf Tagen abstarben, daß wir also durch ein Herausgrubbern und Freieggen der Quecken im Hochsommer bei heißem Wetter im August mit einer starken Vernichtung der Quecken rechnen können;

[1] *L. Althausen*, Versuche über Queckenvertilgung. Halle 1900.

[2] *C. Kraus*, Die Quecke. H. 220 der Arbeiten der DLG.

[3] *O. Wehsarg*, Die Bekämpfung der Unkrautgräser. H. 350 der Arbeiten der DGL, S. 99—125.

5. daß die Quecken bei vollständiger Verdunkelung, bei vollständigem Lichtabschluß, nach $9^1/_2$ Wochen tot waren, daß also ein geschlossener Bestand von stark schattenden Kulturpflanzen merklich zur Queckenvertilgung beiträgt;

6. daß Stallmist- und Stickstoffdüngung die Entwicklung der oberirdischen Blattmasse und der Blütenstengel fördert, während hingegen die Rhizombildung zurückging, daß also die Quecke bei starker Stallmist- und Stickstoffdüngung nicht nur indirekt geschädigt wird, durch das noch üppigere Wachstum der Kulturpflanzen, sondern auch direkt leidet, weil bei üppigem Wachstum die Ausbildung der unterirdischen Ausläufer mehr oder weniger unterbleibt.

Diese Ergebnisse von *L. Althausen* wurden später von *C. Kraus* nachgeprüft und bestätigt. *O. Wehsarg* vervollständigte diese Erkenntnisse durch zwei wesentliche Weiterungen.

Er machte die für die Bekämpfung aller Wurzelunkräuter so entscheidende Entdeckung, daß es bei deren Bekämpfung nicht nur darauf ankommt, was man tut, sondern mehr noch, wann man die einzelnen Bekämpfungsmaßnahmen durchführt. Er deckte die Schwächezeiten im Wachstums- und Entwicklungsrhythmus der Wurzelunkräuter auf, und zwar sind das der Monat des Blühens, d. h. der stärksten unterirdischen Erschöpfung der Pflanze und die beiden darauffolgenden Monate der Ausbildung der neuen Ausläufer, bei den meisten Wurzelunkräutern also zusammengenommen die Monate Juni, Juli und August. Bei den Versuchen von *L. Althausen* fiel das zwölfmalige Hacken in die Monate Mai bis Juli, wäre das Hacken auch schon im April erfolgt, dann hätte ein sechzehnmaliges Hacken bis Ende Juli sicherlich einen geringeren Erfolg gezeitigt.

Wehsarg fand weiter, daß Stallmist- und Stickstoffdüngung die Quecke nicht nur dadurch schädigen, daß deren Rhizombildung vernachlässigt wird und die Kulturpflanzenentwicklung noch mehr gefördert wird als das oberirdische Wachstum der Quecke, sondern daß die insbesondere durch die Stallmistdüngung so sehr geförderte Gare des Bodens den geschwächten Queckenrhizomen zum Verhängnis wird. Die Bakterien und Pilze des garen Ackerbodens greifen nicht nur die Samen der Ackerunkräuter an, sondern auch die im Boden befindlichen geschwächten Ausläufer der Quecke. Die Queckenausläufer verrotten unter diesen Umständen im Boden, wie schon der Begründer der rationellen Landwirtschaft *Albrecht Thaer* vor 150 Jahren feststellte.

In den ersten beiden Zonen ist die Brache das große Queckenvertilgungsmittel. Man muß nur darauf achten, daß die Brache nicht auch nach dem Brachpflügen zu sehr ergrünt. Vor dem Juni ist es richtig, die Unkräuter sich entwickeln und unterirdisch erschöpfen zu lassen, nach dem Brachpflügen im Juni müssen die Schößlinge möglichst jung vernichtet werden. Auch die dichte Saat hilft auf der zweiten Stufe die Quecke namentlich im Roggen niederhalten.

In der dritten Zone wird die Quecke hauptsächlich durch das Stoppelschälen und die Stoppelnachbehandlung bekämpft. Selbstverständlich werden daneben auch alle anderen Mittel angewendet, soweit sie in diese Zone passen. Das probateste Mittel gegen die Quecke, das weiter oben schon einmal angedeutet wurde, stellt eine geschickte Kombination aller in dieser Zone möglichen Mittel zur Queckenbekämpfung dar. Die Stoppel wird geschält, die Queckenausläufer werden bei passendem heißem Wetter mehrere Male herausgegrubbert und freigeeggt, sie vertrocknen weitgehend. Anschließend werden die Quecken mit Vorschäler tief untergepflügt; auch auf leichtem Boden erfahren die schon geschwächten Rhizome dadurch einen weiteren schweren Schlag. Im Frühjahr wird Stallmist gefahren und dieser dann zu Kartoffeln untergeschält. Gepflanzt wird anschließend eine blattreiche Sorte, die noch dazu mit Stickstoff reichlich versorgt wird. Bearbeitet wird die Kartoffel normal, vielleicht acht Tage nach dem Auflaufen etwas stärker geigelt und gestriegelt als sonst und eben vor dem Schließen aufgefahren. Unter dem sich entwickelnden dichten Blätterdach verkümmern die letzten Queckenschößlinge, vergären die letzten Queckenausläufer im garen Kartoffelacker und dienen den Kartoffeln zur Nahrung [1].

Erst, wenn es gelungen ist, die Quecke niederzuhalten, darf man zur Untersaat von Seradella auf den leichten Böden und Klee auf den besseren Böden übergehen. Seradellaanbau, Klee und Kleegrasbau ebenso wie Luzernebau erhöhen die Verqueckung des Bodens, und diese Futterpflanzen dürfen ebenso wie die Zuckerrüben nur in queckenreinen Acker

[1] Nach *W. R. Wiljams* soll die Quecke schon dadurch bekämpft werden können, daß man den verqueckten Acker mit der Scheibenegge kreuz und quer so tief schält, wie die Hauptmasse der Queckenrhizome liegt und dann nach Ergrünen der kleinen Queckenrhizomstücke unverzüglich tief pflügt mit Vorschäler. Der Vorschäler wird dabei 1—2 cm tiefer als die Scheibenegge beim Schälen eingestellt und das Hauptschar mindestens 22 cm tief. Es würde sich bei dieser Methode also das Herausgrubbern und Freieggen der Queckenrhizome erübrigen, und es wäre damit der Gefahr der Pulverisierung des Bodens, der Zerstörung der Krümelstruktur vorgebeugt. Versuche zur Überprüfung dieser Methode sind dringend notwendig.

bestellt werden. Falsch ist auch das Queckenabfahren. Auf leichten Böden fährt man mit den Queckenausläufern die an den Wurzeln haftenden feinerdigen Teile und damit den Rest der Bodenfruchtbarkeit vom Felde herunter, auf allen Böden entzieht man dem Acker Humusmengen, die einer Stallmistdüngung gleichkommen. Nur im Frühjahr kann ein Queckenabfahren notwendig werden, wenn bei unterlassener Queckenbekämpfung die Queckenplage so groß ist, daß man vor Queckenausläufern nicht bestellen kann.

In der vierten Zone, in der die Stoppelnachbehandlung weitgehend wegfällt, weil die meisten Felder um diese Zeit mit Hackfrucht oder Zwischenfrucht bestanden sind, muß die hohe Bodenkultur, die hier herrscht, die Quecke in erster Linie in Schach halten. Sollte Verqueckung drohen, so achte man vor allem auf reichliche Düngung der Stoppelfrüchte, der einjährigen Futterpflanzen und der Hackfrüchte, damit diese Kulturen die Quecken von sich aus unterdrücken und auf sorgfältige Bodenbearbeitung während der Schwächezeiten Juni, Juli, August, die auf dieser höchsten Entwicklungsstufe der Landwirtschaft, in dieser Zone mit dem Zweitfrucht- und Zwischenfruchtbau häufiger in diesen Monaten stattfindet. Man achte vor allem auf die beginnende Verqueckung beim Mißlingen einer Frucht und ersticke diese in den ersten Anfängen. Die Haupteinfallstore der Quecke sind hier meist die mißratene Untersaat und die nicht rechtzeitig geernteten Kartoffeln, insbesondere Frühkartoffeln.

Alle bisher bekanntgewordenen chemischen Unkrautbekämpfungsmittel, außer den totalen, die auf dem Ackerland nicht angewendet werden dürfen, sind unwirksam gegen die Quecke.

2. *Die Ackerdistel*

Die Ackerdistel ist einerseits schwerer zu bekämpfen als die Quecke, weil ihre Ausläufer nicht wie bei der Quecke in der Ackerkrume liegen und also nicht herausgeeggt oder herausgegrubbert werden können. Die kräftigen unterirdischen Wurzelausläufer der Ackerdistel liegen vielmehr unter der Ackerkrume in der Pflugsohlenverdichtung. Außerdem ist die Ackerdistel im großen und ganzen hartnäckiger als die Quecke. Sie ist aber andererseits insofern oft leichter zu bekämpfen als die Quecke, weil sie nicht wie diese nur durch einjährige Futterpflanzen, sondern auch durch den mehrjährigen Futterbau zu bekämpfen ist. Durch Klee- und Kleegrasbau wird die Distel beeinträchtigt, durch den Luzernebau unterdrückt. Zwar wird an sich auch die Quecke geschwächt, wenn sie im Frühjahr gezwungen wird, mit dem Futter in die Höhe zu wachsen und dann mitten in der besten Entwicklung, wenn sie sich unterirdisch verausgabt hat, abgeschnitten wird. Aber es bleiben nach dem Schneiden im Gegensatz zur Ackerdistel noch grüne Blätter übrig, die gleich weiterwachsen und die unterirdischen Ausläufer stärken, ebenso wie die immergrüne Quecke auch im Frühjahr im Gegensatz zu der oberirdisch nicht überwinternden Distel [1] früh loswächst und leicht, namentlich in kühleren Gegenden, einen Wachstumsvorsprung vor den mehrjährigen Futtergewächsen bekommt, diese vergrast. Nur bei üppigen einjährigen Futtergewächsen, also bei Bohnen- Erbsen- Wickgemengen im Hauptfutterbau oder Stoppelfruchtbau leidet auch die Quecke, weil diese einjährigen Flächen gleich nach der Ernte umgebrochen werden können und die geschwächten Ausläufer der Quecke dann zerstört werden.

In der ersten und zweiten Zone geschieht die Bekämpfung der Distel durch die Brache. Das Junibrachpflügen trifft die Ackerdistel, wenn sie sich unterirdisch stark verausgabt hat, das bei der weiteren Bearbeitung erfolgende Abschneiden der Nachschößlinge verhindert das Erstarken der neu gebildeten Ausläufer.

In der dritten Zone ist das Stoppelschälen das Hauptmittel im Kampf gegen die Distel. Wenn in der Fruchtfolge Raps gebaut wird und außerdem noch zweijähriger Klee, dann kommt es hier nie zu einer Distelplage. Zu Raps wird gepflügt in der anfälligsten Zeit und nach Raps wiederum, wenn die Distel besonders anfällig ist, außerdem unterdrückt der Raps die Distel zusätzlich von sich aus durch üppiges und frühes Wachstum. Auch Kleebau unterdrückt die Distel schon als solcher, weil jedenfalls der erste Schnitt des Klees zur anfälligen Zeit der Distel geschieht; wird dann noch der zweijährige Klee im zweiten Jahr nach dem ersten Schnitt umgebrochen, so gehört auch der Kleebau zu den größten Distelunterdrückern. Beim Fehlen dieser beiden Früchte in der Fruchtfolge kann aber die Distel auf dieser Stufe zur Plage werden. Man muß dann auch zu einer besonderen Nachbehandlung der Stoppel greifen. Entweder muß zweimal geschält werden, oder die gewöhnliche Schälfurche muß mit einem Gerät nachbehandelt werden, das die nachgetriebenen Distelschößlinge abschneidet. *O. Wehsarg* hat wiederholt auf die Notwendigkeit der Konstruktion eines solchen Grubbers, der die Distel auf der Stoppel abschneidet, hingewiesen. Hoffentlich fällt seine Anregung bald einmal auf

[1] Nur im Sommer gekeimte junge Disteln überwintern grün.

ebenso fruchtbaren Boden wie seinerzeit sein Vorschlag zur Entwicklung des Unkrautstriegels [1].

Da man in dieser dritten Zone der Distel manchmal nicht Herr wird, verfällt man auf das Distelstechen im Getreide. Gewiß kann dieses Distelstechen einmal ebenso notwendig sein wie das Queckenabfahren im Frühjahr, zwar soll dann nicht die Saat, wohl aber die Ernte dadurch überhaupt ermöglicht werden. Das übliche Distelstechen erleichtert die Ernte des Getreides durchaus. Der blühfähige Sproß wird abgestochen, statt des abgestochenen Triebes kommen drei, vier Rosettentriebe, die am Boden bleiben und die Ernte kaum noch stören. Aber die Distelplage ist durch dieses Distelstechen im Getreide im ganzen gesehen nicht vermindert, sondern vermehrt worden. Die drei, vier niedrig bleibenden Rosetten, die nach dem Distelstechen statt der einen hochtreibenden hochwüchsigen Distelstaude wachsen, verbrauchen ihre Assimilate nicht zum Höhenwachstum, sondern sie schicken diese Assimilate in die unterirdischen Ausläufer und führen so zu einer besonders starken unterirdischen Vermehrung der Ackerdistel. Wollte man das Distelstechen im Getreide zu einer Maßnahme entwickeln, die die Verdistelung einschränkt, so müßte man die Disteln möglichst spät bei feuchtem Boden ziehen. Wenn es gelingen würde, daß dabei die Disteltriebe, die beim Distelstechen nur oberflächlich abgeschnitten werden, jetzt dort abreißen, wo die Disteltriebe unter der Ackerkrume von den waagerechten Ausläufern abgehen, dann wäre auf die Dauer gesehen etwas gegen die Distelplage getan. Die nachtreibenden Schößlinge brauchen jetzt einige Zeit zum Hochtreiben bis zur Oberfläche und haben noch nicht viel assimiliert, wenn sie nachher beim Stoppelschälen abgeschnitten werden.

In der vierten Zone wird auch bei guter Wirtschaft die Distel manchmal zur Plage. Der starke Hackfruchtbau in dieser Zone führt zu einer starken Störung der Distel schon im April und Mai und damit zu einer Stärkung der unterirdischen Entwicklung, die durch das Hacken im Juni und durch die dichte Beschattung in den Folgemonaten nicht wett-

[1] Vielleicht erfüllt der von *W. R. Wiljams* entwickelte Gänsefuß-Exstirpator bereits diese Forderungen *O. Wehsargs*. Nicht nur zur Bearbeitung der geschälten Stoppel wird dieses Gerät im Trawopolnajasystem eingesetzt, sondern auch als Ersatz der Egge bei der Vorbereitung des Saatbettes. Dabei wird der Exstirpator nicht tiefer eingestellt, als das Getreide gedrillt wird. Die Egge wird nur zur Saatenpflege nicht abgelehnt, sonst gilt sie als Krümelzerstörer. Interessieren mag in diesem Zusammenhang, daß *J. H. von Thünens* erste Veröffentlichung den Exstirpator betrifft. („Über einige mit dem englischen Exstirpator ausgeführten Versuche", Neue Annalen der Mecklenburgischen Landwirtschaftsgesellschaft 1813).

gemacht werden kann, es sei denn, man würde, die Distelschößlinge nachjäten, was aber oft zu kostspielig sein wird. Ein Hauptmittel im Kampf gegen die Distel in dieser vierten Zone ist die Stoppelfrucht. Wenn diese, wie es bei den Stoppelrüben oft der Fall ist, gehackt werden, dann hat man einen schweren Schlag gegen die Ackerdistel getan, sie ist zweimal in Schwächezeiten zerstört worden, einmal bei der Bestellung und das zweite Mal bei dem Hacken. Das Hauptmittel im Kampf gegen die Ackerdistel in der vierten Zone wird aber doch wohl die Tiefkultur sein. In dieser Zone wird das einmalige tiefe Bodenlockern im Rahmen der Fruchtfolge sich sicherlich einbürgern. Durch diese tiefe Bodenlockerung wird aber die Schicht getroffen, in der die waagerechten unterirdischen Ausläufer der Ackerdistel verlaufen. Die Ackerdistel wird damit empfindlich getroffen. Gewiß würde diese Tiefenlockerung am verheerendsten gegen die Ackerdistel wirken, wenn sie in den Monaten der Schwäche, im Juni, Juli, August durchgeführt werden könnte. Das wird sich jedoch schwerlich machen lassen. Aber auch schon die Störung durch die Tiefkultur im Herbst wird so nachteilig auf die Distel wirken, daß man ihrer im Rahmen der Fruchtfolge zusammen mit den anderen Maßnahmen Herr werden kann. Man hat nur darauf zu achten, daß diese Tiefbearbeitung im Herbst nicht zu einer Zeit stattfindet, wenn der Untergrund feucht oder gar naß ist.

Von den chemischen Unkrautbekämpfungsmitteln haben sich nur die synthetischen Hormone als recht wirksam gegen die Ackerdistel erwiesen. Aber nur in Ausnahmefällen kann man diese neuartigen, das Wachstum verwirrenden, noch nicht wirklich erforschten Mittel im Kampfe gegen die Ackerdistel empfehlen. Sie sind wirksamer als das Distelstechen, aber kaum so wirksam wie das Distelziehen.

3. *Sonstige hartnäckige Wurzelunkräuter*

(Ackersaudistel, Ackerschachtelhalm, Huflattich, Ackerwinde)

Außer Quecke und Ackerdistel gehören noch die Ackersaudistel, der Ackerschachtelhalm, der Huflattich und die Ackerwinde zu den hartnäckigen Wurzelunkräutern. Sie alle reagieren auf die Bekämpfungsmaßnahmen der verschiedenen Zonen ähnlich wie die Ackerdistel, so daß hier nur Abweichungen erörtert zu werden brauchen. Sie alle sind meist noch gefährlicher als die Ackerdistel, weil ihre Ausläufer in noch tieferen Bodenschichten liegen und auf Böden wuchern, die das Kulturpflanzenwachstum und damit deren Kampfkraft gegen das Unkraut nicht so sehr begünstigen wie die Distelstandorte. Andererseits aber kommen sie nicht so allgemein vor wie die Ackerdistel; sie werden nur stellenweise gefährlich.

Die *Ackersaudistel* ist der Ackerdistel am ähnlichsten. Ackerdistel und Ackersaudistel kommen dementsprechend häufig zusammen auf demselben Felde vor. Dann wächst aber die Ackerdistel auf Regenböden mehr auf den gutfeuchten lehmigen Stellen und die Ackersaudistel mehr auf den etwas zur Nässe neigenden schwereren Stellen. Auf Grundwasserböden kann auch der Standort der Ackersaudistel mehr wegen des näheren Grundwassers zur Nässe neigen. In trocknen Jahren greift die Ackerdistel, in feuchten Jahren die Ackersaudistel mehr um sich. Die unterirdischen waagerechten Ausläufer der Ackersaudistel, die ebenso wie die der Ackerdistel unter der Ackerkrume in Pflugsohlenhöhe verlaufen, sind nämlich noch wasseranspruchsvoller als die der Ackerdistel. Oft sind die Ackersaudistelböden entwässerungsbedürftig. Dann ist natürlich vor der Dränierung an ein Herrwerden über das Unkraut nicht zu denken. Aber auch auf nicht dränagebedürftigen Böden ist die Vertilgung nicht leicht, der Kampf ist schwerer zu führen als gegen die Ackerdistel. Der schwerere Ackersaudistelboden ist nicht so leicht in Gare zu bringen wie der leichtere Ackerdistelboden, das Kulturpflanzenwachstum ist dort weniger üppig. Alle von der Ackerdistel her bekannten Bekämpfungsmaßnahmen der verschiedenen Zonen müssen also besonders sorgfältig abgepaßt und durchgeführt werden, wenn die Ackersaudistel nicht zur Plage werden soll. Die synthetischen Wuchsstoffe nach Art von U 46 wirken etwas weniger als gegen die Ackerdistel.

Der *Ackerschachtelhalm* durchzieht den Boden in einer Tiefe von 40 cm bis über 1 m. Die waagerechten Stengelausläufer sind dort an eine wasserreiche Sandschicht gebunden; denn nach Maßgabe ihres morphologischen und anatomischen Baus können die waagerechten Ausläufer andere als Sandschichten nicht durchdringen. Diese Sandschicht muß aber wasserreich sein wegen der großen Wasseransprüche des Ackerschachtelhalms. Die senkrecht von den waagerechten Ausläufern nach oben abgehenden Triebe können dagegen auch schwerere Bodenschichten durchstoßen. Der Ackerschachtelhalm kommt dementsprechend nur auf Sandböden vor, die nach der Tiefe zu in Lehm übergehen, bzw. durch Grundwasser feucht gehalten werden und auf Nichtsandböden, die von wasserreichen Sandschichten durchzogen sind. Leicht zu bekämpfen ist der Ackerschachtelhalm, wenn die wasserreichen Sandschichten flach anstehen. Die Dränage vertreibt dann den Ackerschachtelhalm. Oft aber befindet sich die wasserreiche Sandschicht erst in Tiefen um 1 m herum, sie wird also durch die Dränage dann kaum erfaßt, soll auch nicht erfaßt werden, wenn es sich um Sandboden handelt, der durch Grundwasser in dieser Tiefe im Werte nur gewinnen kann.

Die Bekämpfung des Ackerschachtelhalms ist gerade in der vierten Zone so schwierig, weil die waagerechten Ausläufer vom Zweischichtenpflug nicht erfaßt werden und der Hackfruchtbau den Ackerschachtelhalm kultiviert. Die unterirdische Vermehrung wird nicht nur wie bei allen anderen Wurzelunkräutern durch die April- und Maiarbeiten des Hackfruchtbaus gefördert, durch den Kartoffelbau findet darüber hinaus tatsächlich eine Art Kultivierung des Unkrauts statt. Die senkrecht aufsteigenden Achsen werden bei den Pflegearbeiten, insbesondere beim Häufeln, tief abgerissen, sie bewurzeln sich neu, treiben aus und bilden junge Ausläufer und damit neue Unkrautherde. Die vielen feinen Triebe finden auch beim üppigsten Kartoffelblätterdach noch Lücken zum Assimilieren und können wegen ihrer Vielheit und Feinheit durch Nachjäten kaum beseitigt werden.

Der Ackerschachtelhalm ist besonders empfindlich gegen Lichtentzug. In Obstgärten verschwindet er beispielsweise mit zunehmender Beschattung durch die heranwachsenden Bäume. Dicht schattende höhere Früchte werden ihm deshalb auch zum Verhängnis, so Luzerne und andere mehrjährige Futterpflanzen, Hülsenfruchtgemenge und andere einjährige Futterpflanzen und auch Stoppelfrüchte wie die gelbe Lupine.

Der *Huflattich* hat sein unterirdisches Ausläufergewirr in einer Tiefe von 40—80 cm. Die Ausläufer sind an wasserreichere Schichten gebunden, also auf Regenböden im allgemeinen an schwerere rohe Lehmschichten oder an Tonschichten im Untergrund und auf Grundwasserböden eventuell auch nur an nahes Grundwasser. Ein größerer Kalkgehalt der tieferen Schichten sagt dem Huflattich besonders zu. Oft ist der Huflattichboden dränagebedürftig, ebenso wie das Auftreten des Huflattichs auf dränierten Böden oft Dränageverstopfungen usw. anzeigt. Aber auch auf nicht eigentlich dränagebedürftigen Böden kommt der Huflattich, und zwar meist nesterweise vor. Werden diese Nester nicht bekämpft, so breitet er sich von diesen Nestern auch auf nicht dränagebedürftigen Böden leicht über ganze Felder aus.

Die Bekämpfung ist schwieriger als bei der Ackerdistel, weil die unterirdischen Ausläufer vom Zweischichtenpflug nicht erfaßt werden und die Kampfkraft der Kulturpflanzen auf den Huflattichstandorten leicht zu wünschen übrig läßt. Besonders bewährt hat sich ein mehrmaliges Schälen. Wer gleich bei der Ernte darauf achtet, daß die Hocken nicht auf die Huflattichnester gestellt werden und diese Nester unverzüglich schält und sie zum zweiten Male schält beim einige Zeit später erfolgenden eigentlichen Schälgang, der kann manchmal schon dadurch den Huflattich in Schranken halten. Erwünscht und angebracht wäre bei dem stellenweisen Auftreten des Huflattichs die zusätzliche Bekämpfung der Nester mit chemischen Mitteln; leider sind die synthetischen Wuchsstoffe hier, wo sie am notwendigsten und bei der nesterweisen Anwendung am ungefährlichsten wären, nicht wirksam. Alle anderen chemischen Mittel haben sich dagegen zusätzlich bewährt. Besonders verheerend tritt der Huflattich eventuell auf Kalkboden auf. Das beste Bekämpfungsmittel ist hier die Luzerne [1].

Die *Ackerwinde* treibt ihre waagerechten Wurzelausläufer unter der Ackerkrume im flacheren oder tieferen Untergrunde, ist aber im Gegensatz zu den vorigen Wurzelunkräutern an einen durchlüfteten Untergrund gebunden, in den sie ihre Pfahlwurzel tief hinunterschickt. Durch Hackfruchtbau wird sie ähnlich wie der Ackerschachtelhalm geradezu kultiviert. Sie wird deshalb oft da zur Plage, wo viel gehackt wird, so z. B. in Weingärten. Da sie sich um die Kartoffeltriebe herum hochwindet, wird ihr auch das spätere geschlossene Kartoffelblätterdach nicht gefährlich. Alle bei der Distel besprochenen Bekämpfungsmaßnahmen müssen sorgfältig beachtet werden, wenn man die Ackerwinde niederhalten will.

Ausnahmsweise können auch noch andere Wurzelunkräuter gefährlich werden, so der *Landwasserknöterich* und das *Schilfrohr*. Beim stärkeren Auftreten des Landwasserknöterichs liegt meist Dränagebedürftigkeit vor, beim Schilfrohr ist das nur selten der Fall. Wo das Schilfrohr auf dem Ackerlande vorkommt, hat es sich meist von den Gräben aus in das Ackergelände hineingefressen. Die wasserbedürftigen, waagerechten Ausläufer des Schilfrohrs können dann 1 m tief und noch viel tiefer liegen, so daß ihnen durch Dränage nicht beizukommen ist. Die Bekämpfung wird dadurch außerordentlich erschwert. In Gegenden mit Koppelwirtschaft wird das Schilfrohr durch das Beweiden während der Ackerweidejahre in Schach gehalten. Das Vieh weidet die jungen süßen Schilftriebe begierig ab.

Andere Wurzelunkräuter wie der *kleine Sauerampfer*, die *Ackerminze* und der *Sumpfziest* werden auf in guter Kultur befindlichen Böden nicht

[1] Vgl. insbesondere die Aussprache über die Vertilgung des Huflattichs in den Mitteilungen der DLG 1933, H. 6 und 7, im Anschluß an einen Artikel von *O. Wehsarg*, Mitteilungen der DLG 1932, H. 52.

zur Plage. Der kleine Sauerampfer ist ein Anzeichen lässiger Bewirtschaftung, Ackerminze und Sumpfziest zeigen Ackerkrumennässe an, die entweder durch Pflugsohlenverdichtungen oder allgemeine Bodennässe bedingt sein kann.

b) Die Samenunkräuter

Es gibt eine Unzahl von Samenunkräutern, die gefährlich werden können, und es ist nicht leicht, übersichtlich zu schildern, wie diese hartnäckigen Samenunkräuter auf die jeweiligen Kulturmaßnahmen der verschiedenen Zonen reagieren. Aber man bekommt doch eine Übersicht über den Wirrwarr, wenn man die Samenunkräuter in Sommergetreideunkräuter, Hackfruchtunkräuter und Wintergetreideunkräuter unterteilt, weil sie in dieser Gruppierung nicht nur Ähnlichkeiten im Auftreten, sondern auch in der Reaktion gegen bestimmte Bekämpfungsmaßnahmen aufweisen. Wenn man dann noch die wichtigsten Einzelunkräuter innerhalb der einzelnen Gruppen herausstellt, innerhalb der Sommergetreideunkräuter: Ackersenf, Hederich und Flughafer; innerhalb der Hackfruchtunkräuter: Melde und Knöterich und innerhalb der Wintergetreideunkräuter: die Samenunkrautgräser, ferner Mohn und Kornblume und endlich Mieren und Ehrenpreisarten, so hat man außer der Übersicht auch eine gewisse Vollständigkeit erreicht.

1. Die Sommergetreideunkräuter

Die Sommergetreideunkräuter haben ihre Hauptkeimzeit im Frühjahr, also in den Monaten März, April und Mai und kommen deshalb hauptsächlich im Sommergetreide vor. Sie keimen allerdings auch noch im ausklingenden Frühling und zu Beginn des Sommers, im Juni und Juli und ausnahmsweise unter ausgefallenen Witterungsverhältnissen auch eventuell im Hochsommer und im Herbst. Sie kommen deshalb auch nicht ausschließlich in der Sommerung vor, sondern sie haben außer dem Hauptvorkommen in der Sommerung noch ein Nebenvorkommen in der Hackfrucht und auf der ungeschälten Getreidestoppel. Sie kommen dagegen als Oberpflanzen in gut bestandener Winterung nicht vor oder doch nicht zur Reife. Der Flughafer keimt im Herbst überhaupt nicht, der im Herbst mit der Winterung eventuell auflaufende Hederich und Ackersenf erfriert im Winter. Im Frühjahr kommen weder Ackersenf noch Hederich, noch Flughafer in gut bestandener Winterung zum Auflaufen, weil bei bedecktem Boden der Witterungswechsel im Frühling nicht intensiv genug als Keimreiz wirken kann und diese und auch alle anderen Frühlingskeimer trotz vorhandener Keimreife und trotz des Vorhandenseins günstiger sonstiger Keimbedingungen doch nicht keimen[1]. Die Sommergetreideunkräuter haben also ein weiteres Nebenvorkommen nur noch in schlecht bestandener oder sehr spät gesäter Winterung. Sie kommen überhaupt nicht vor im mehrjährigen Futterbau, im einjährigen fehlen sie zwar nicht, kommen dort aber nie zur Reife.

Gefährlich werden von den Sommergetreideunkräutern leicht Hederich, Ackersenf und Flughafer, weil ihre Samen sehr widerstandsfähig gegen die Bakterien und Pilze des garen Ackerbodens sind, erst nach zwei Jahren Gare vollständig vergären. Sie verschwinden also erst, wenn zwei Jahre nacheinander Gare geschaffen und erhalten wird und während dieser Zeit keine Neuinfektion erfolgt, die beiden Jahre also unkrautfrei sind. Verderblich wird den Samen der Sommergetreideunkräuter vor allem die Vorsommergare, sie sind dann auf dem Endpunkt der Keimreife kurz vor der Wiederverfestigung und fallen in diesem Zustand den Bodenbakterien besonders leicht zum Opfer. Übergelagerte zweijährige Samen vergären leichter als einjährige. Die Nachsommergare ist aber auch nicht ohne Wirkung. Wenn die vor der Ernte ausgefallenen noch nicht verfestigten frischen Samen keine Gelegenheit haben, auf dem ungeschälten Acker in der Sonne zu verhärten, dann werden sie bald ein Opfer der Bodenbakterien, auch ältere Samen werden zerstört, weil sie ihren Rhythmus mehr und mehr verlieren.

Die Umlage des Ackerlandes im Weidelande in der ersten Zone ist ein probates Mittel gegen die Sommergetreideunkräuter. Die Sommergetreideunkräuter bedürfen zum Keimen der Bodenbedeckung und Bodenbearbeitung und kommen deshalb auf dem Grünlande nicht zum Auflaufen. Die im letzten Getreide ausgefallenen Hederich- und Flughafersamen bleiben sogar auf dem Boden liegen und werden dort von Mäusen, Vögeln und sonstigem Getier aufgefressen oder kommen dort anderweitig um. Ist doch noch auf allen späteren Stufen die Einsaat des Klees oder der Luzerne in die Sommerung ein wichtiges Unkrautbekämpfungsmittel gegen Hederich und Flughafer. Viele Bauern sind allein dadurch den Hederich oder Flughafer losgeworden. Die in der Sommerung ausfallenden Hederichknoten und Flughaferfrüchte bleiben auf der Boden-

[1] Vgl. insbesondere die instruktiven Messungen der höheren Erwärmung und tieferen Abkühlung im offenen Brachland gegenüber mit Pflanzen bedecktem Boden von *A. Zade*, Der Flughafer, A. d. DLG H. 229, 1912, S. 34.

oberfläche liegen und gehen dort zugrunde. Die runden Samen des Ackersenfs rollen dagegen leicht in die Bodenrisse und werden so mit Erde bedeckt. Aber es fehlt doch auch dann bei der Umlage des Ackerlandes in Grünland die notwendige Bodenbearbeitung zum Keimen. Nur auf Maulwurfshaufen laufen die Sommergetreideunkräuter auf dem Grünlande eventuell auf und kommen dort, wenn man sie nicht vorher vernichtet, zum Aussamen. Die im Boden vorhandenen Samen aber gehen, wenn sie nicht in ungaren Schichten vergraben liegen, in einigen Jahren zugrunde. Trotzdem will die Meinung nicht verschwinden, daß nach dem Umbruch von Grünland zu Ackerland sofort wieder ein starkes Auftreten von Sommergetreideunkräutern zu erwarten ist. Das trifft aber nur zu, wenn beim Umbruch tote Schichten heraufgeholt werden, in denen sich die Unkrautsamen tatsächlich länger gesund erhalten, oder wenn die Sommergetreideunkräuter auf dem Grünland auf Maulwurfshaufen immer wieder zum Keimen und Aussamen kamen[1].

[1] Die Meinung, daß sich Unkrautsamen sehr lange nicht nur im Laboratorium, sondern auch im Boden gesund erhalten, geht auf die Untersuchungen des Göttinger Professors *Peter* zurück, der noch keimfähige Samen der Ackerunkräuter in Waldböden fand, die vor längerer Zeit, z. T. schon vor 46 Jahren aus Ackerland hervorgegangen waren. (Nachrichten von der Gesellschaft der Wissenschaften zu Göttingen, 1893, Nr. 17, S. 673 ff.) Gewiß können sich Ackerunkrautsamen so lange in gewissen Böden gesund erhalten. Landwirtschaftlich aber viel wichtiger ist die Frage, wie schnell man sie im Boden vernichten kann. Mit dieser landwirtschaftlichen Fragestellung ging *O. Wehsarg* 1905 an das Problem heran. Sieben Jahre führte er ununterbrochen entsprechende Bodenuntersuchungen durch und fand, daß die Samen der Unkräuter im ungaren Boden lange leben können, im garen Boden aber in längstens zwei bis drei Jahren vergären. *K. Rümker* stimmte in seinen „Tagesfragen des modernen Ackerbaus" diesen Untersuchungen sofort zu. Die Unkrautforscher *Pieper* (Der Windhalm, H. 236 der Arbeiten der DLG) und *K. Lindemuth* (Ein Beitrag zur Biologie von Vicia hirsuta, Diss. Berlin 1923) bestätigten den Wehsargschen Befund auf ihren Spezialgebieten. Daran ändert auch die Tatsache nichts, daß gewisse Unkräuter verschieden gestaltete Samen ausbilden und verzettelt keimen (*H. Baar*, Zur Anatomie und Keimungsphysiologie heteromorpher Samen von Chenopodium album und Atriplex nitens, Sitzungsberichte der Akademie der Wissenschaften in Wien, Math.-Naturw. Klasse, Bd. 72, Abt. 1, 1913). *H. Baar* fand beim Weißen Gänsefuß baldkeimende helle weichschalige Samen und erst späterkeimende dunkle hartschalige Samen. Diese Feststellungen wurden durch *H. Krug* (Beiträge zur Keimungsphysiologie und Bekämpfung von Samenunkräutern. Bot. Archiv Bd. 27, 1929) und durch *L. Krüger* (Ein Beitrag zur Biologie von Chenopodium album, Diss. Berlin 1931) bestätigt. Auch diese späterkeimenden, dunklen Samen fallen den Bakterien im garen Boden in der großen Mehrzahl zum Opfer, je älter sie werden, spätestens aber nach drei Jahren. Daß übrigens *O. Wehsarg* schon im Jahre 1907 vor dem Professorenkollegium der Landwirtschaftlichen Hochschule Berlin einen Vortrag hielt über den Einfluß von Kälte und Wärme auf die

In der zweiten Zone ist die Brache das durchschlagende Mittel gegen die Sommergetreideunkräuter. Bei der alten Dreifelderwirtschaft wirkte sie allerdings nur stark eindämmend. Die Verseuchung war erst im Vorjahre in der vorausgehenden Sommerung erfolgt. Die Brache traf also auf junge noch sehr widerstandsfähige Samen. Nur in Verbindung mit einer rechtzeitigen und stark gesäten Winterung ohne merkliche Verunkrautung mit Sommergetreideunkräutern wirkte sie so, daß die Sommergetreideunkräuter in Schach gehalten werden konnten.

In der dritten Zone halten Stoppelschälen und Stoppelnachbehandlung, Herbstfurche, Frühjahrsschleppen und Bestellungsvorarbeiten, Eggen der Saaten und Kalkstickstoffdüngung die Sommergetreideunkräuter in Schranken. Nur der Flughafer kann trotzdem allgemeiner zur Plage werden, weil Eggen der Saaten und Kalkstickstoffdüngung gegen Flughafer wenig ausrichten. Hier wird man sich oft durch das Einsäen der Luzerne und des Klees in die Sommerung helfen können. Ackersenf und Hederich werden leicht Herr in Höhenlagen mit viel Sommerung. Hier muß man eventuell zusätzlich zu den Spritzmitteln greifen.

In der vierten Zone halten die hohe Bodenkultur, der reichliche Hackfruchtbau, der ausgedehnte Anbau der Zwischenfrüchte und die kombinierte Hack- und Eggkultur die Sommergetreideunkräuter nieder. Um zwei ganz reine Früchte zu schaffen, wird das Nachjäten der Hackfrucht und des Wintergetreides, bisweilen sogar des Sommergetreides, sich lohnen. Der Flughafer wird durch die vereinigte Hack- und Eggkultur sicherer getroffen als durch das alleinige Eggen. Das Nachjäten ist hier in der Sommerung leicht durchführbar, weil der Flughafer vor dem Sommergetreide schosst.

2. *Die Hackfruchtunkräuter*

Die Hackfruchtunkräuter haben ihre Hauptkeimzeit nicht wie die Sommergetreideunkräuter im früheren Frühjahr, sondern im späteren Frühjahr in den Monaten Mai und Juni. Ihr Hauptvorkommen ist deshalb in der Hackfrucht, ein sehr viel geringeres Vorkommen im Sommer-

Keimreife der Unkrautsamen und dabei Gedanken entwickelte, ähnlich denen *Lyssenkos* für das darauffolgende Stadium bei den Kulturpflanzen, wissen auch nur wenige, obwohl dieser Gedanke, gestützt auf Hunderte von Versuchen, alle seine Arbeiten durchzieht. Hier ist die Unkrautforschung der pflanzenbaulichen Forschung vorausgeeilt. Ganz abgesehen von der Unkrautforschung stellen die biologischen Untersuchungen *O. Wehsargs* über das Unkraut überhaupt eine Fundgrube für den Pflanzenbauer dar.

getreide, im Wintergetreide kommen sie nur auf der ungeschälten Stoppel vor; sie fehlen ganz im mehrjährigen Futterbau, im einjährigen kommen sie nicht zur Reife.

Gefährlich werden im allgemeinen nur *Melde* und *Knöterich*. Die Melde hat mit der steigenden Bodenkultur eher zu als abgenommen [1], sie ist gegen Bodenversäuerung empfindlich, wenn sie auch nicht zu den ausgesprochenen Unkräutern der kalkgesättigten besseren Böden gehört. Sie ist außerdem recht kalibedürftig und liebt die Stickstoffdüngung. Der Knöterich ist mit der steigenden Bodenkultur eher zurückgegangen. Nur auf ihm besonders zusagenden humosen Niederungsböden wird er heute noch manchmal zur Plage.

Die Samen der Hackfruchtunkräuter fallen im garen Boden in längstens zwei Jahren den Bakterien und Pilzen zum Opfer, schädlich wirken sowohl die Vorsommergare als auch die Nachsommergare entsprechend der späteren Keimzeit und der späteren Wiederverfestigung der nicht gekeimten Samen. Das Stoppelschälen ist deshalb besonders wirksam im Kampf gegen diese beiden Hackfruchtunkräuter.

Ebenso wie Ackersenf und Hederich sollen nach einer weitverbreiteten Meinung auch Melde und Knöterich auf umgebrochenem Grünland oft sogleich verheerend auftreten. Bei der Melde beruht diese Meinung auf ungenauer Beobachtung. Die Melde produziert bis zu 300 000 Samen je Pflanze. Wenn man das erste Auftreten der Melde in den Kartoffeln auf umgebrochenem Grünlande nicht im Keime durch Nachjäten der Kartoffeln erstickt, dann führen einige wenige stehengebliebene Melden zu einer vollständigen Verseuchung der umgebrochenen Flächen. Knöterich läuft dagegen auf umgebrochenen Grünländereien tatsächlich oft in großer Menge auf. Das Knöterichland ist oft etwas feucht und ungar, so daß sich der Samen dort lange hält. Er wird zudem durch Überschwemmungen in großer Menge zugeführt.

Die Brache in der zweiten Zone wirkt gegen Melde und Knöterich noch durchschlagender als gegen Ackersenf und Hederich.

In der dritten Zone halten Stoppelschälen und Stoppelnachbehandlung, Eggen der Saaten die Melde und den Knöterich in Schach.

[1] Das stellte auch schon der größte Mehrer der Fruchtbarkeit des leichten Bodens, *Schultz-Lupitz*, ausdrücklich fest (Die Kalidüngung auf leichtem Boden, S. 8, Berlin 1890).

In der vierten Zone wird die Melde bei starkem Kartoffelbau leicht zur Plage. Aber die vereinigte Hack- und Eggkultur dämmt sie ein, wenn man die Kartoffeln zusätzlich jätet. Der Knöterich ist viel leichter zu bekämpfen. Das liegt wahrscheinlich daran, daß die wenigen Pflanzen, die die Kartoffelbearbeitung überstehen, nicht wie bei der Melde zu Tannenbäumen heranwachsen, sondern kleiner bleiben und von der Kartoffel leicht unterdrückt werden können. Noch kümmerlicher ist die Entwicklung der Unterpflanzen im Wintergetreide. Diese Beobachtung wird durch die Versuche *O. Wehsargs* bestätigt. Er fand, daß die Knötericharten immer kleiner blieben, je später im Jahr sie nach ihrer eigentlichen Keimzeit im Mai—Juni zum Keimen kamen. Im Juli gekeimte Knöterichpflanzen wurden nur noch handhoch, im August gekeimte wuchsen überhaupt nicht mehr aus.

3. *Die Wintergetreideunkräuter*

Es gibt sehr viele Wintergetreideunkräuter, die zur Plage werden können. Sie weisen größere Unterschiede in ihrem Vorkommen und ihrer Reaktion auf die Bekämpfungsmaßnahmen auf als die wenigen Vertreter der hartnäckigen Sommergetreideunkräuter und der hartnäckigen Hackfruchtunkräuter. Es ist deshalb sehr schwierig, allgemein gehaltene Ausführungen über das Vorkommen und ihre Bekämpfung in den verschiedenen Zonen zu machen. Wir tun es deshalb nur unter dem ausdrücklichen Vorbehalt, daß im Anschluß daran eine Einzeldarstellung der sieben gefährlichen Unkräuter erfolgt und die Allgemeinausführungen mit diesen Einzelausführungen zusammen erst ein Ganzes bilden.

Die Wintergetreideunkräuter haben ihre Hauptkeimzeit im Herbst bei absinkenden Temperaturen. Sie kommen deshalb hauptsächlich in der Winterung vor, die einen mehr in der frühen Winterung, die anderen mehr in der späten. Die Wintergetreideunkräuter haben eine zweite Nebenkeimzeit im späten Frühjahr, so daß sie meist gleichzeitig Hackfruchtunkräuter sind. Auf die Vernichtung der Wintergetreideunkräuter in der Hackfrucht muß sogar in der Hackfruchtzone das Hauptgewicht gelegt werden, weil die Vernichtung im Nebenvorkommen leichter ist als im Hauptvorkommen. Allerdings fehlen einige Wintergetreideunkräuter wie beispielsweise der Windhalm in der Hackfrucht ganz und haben statt dessen im Sommergetreide ein Nebenvorkommen im Gegensatz zu den meisten anderen Wintergetreideunkräutern. Einige wie die Vogelmiere und der Ackerfuchsschwanz kommen auch überall: in Winterung, Hackfrucht und Sommerung vor.

Gefährlich werden unter den Wintergetreideunkräutern nicht nur Arten, deren Samen der Gare zwei Jahre widerstehen. Der Windhalm, dessen Samen sehr kurzlebig ist, wird gefährlich, weil seine Samen durch den Wind von Feld zu Feld geweht werden, die Kornblume, weil die Samen immer wieder durch schlecht vergorenen Mist zugeführt werden und die Vogelmiere, weil sie in jeder Frucht vorkommt und ebenso wie der Ehrenpreis das Wachstum abgeschlossen hat, ehe die Winterung sie unterdrücken kann.

Bei Umlage des Ackerlandes im Weidelande auf der ersten Stufe wird über die Wintergetreideunkräuter keine Klage geführt.

Die Brache wirkt durchschlagend gegen die Wintergetreideunkräuter, sowohl die Vorsommergare als die Nachsommergare werden den Wintergetreideunkräutern gefährlich. Allerdings wird oft über reichliches Auftreten einiger Wintergetreideunkräuter wie beispielsweise des Ackerfuchsschwanzes nach Brache geklagt, wenn Wintergetreide voranging und Wintergetreide folgt. Erst wenn die Verseuchung zwei Jahre zurückliegt, also wenn Sommergetreide voranging, wirkt die Brache durchschlagend.

In der dritten Zone war früher das Stoppelschälen und die Stoppelnachbehandlung das Hauptbekämpfungsmittel gegen die Wintergetreideunkräuter. Das Eggen der Saaten hatte, da es außer bei der Sommerung nur bei Winterweizen üblich war, nur eine Nebenbedeutung. Es war deshalb oft auch nicht leicht, mit den Wintergetreideunkräutern fertig zu werden. Erst im Kalkstickstoff ist dieser Zone ein großer Helfer im Kampf gegen die Wintergetreideunkräuter entstanden.

In der vierten Zone hilft vor allem das Reinhalten der Hackfrucht neben der Kalkstickstoffdüngung und der hohen Bodenkultur.

Zu den schlimmsten Wintergetreideunkräutern gehören, wenn auch nur örtlich, die drei Samenunkrautgräser Windhalm, Ackerruchgras und Ackerfuchsschwanz.

Der *Windhalm* ist empfindlich gegen Bodenverkrustung, fehlt also auf den schweren Böden und kommt, da Roggen die Hauptkulturpflanze der leichteren Böden ist, hauptsächlich im Winterroggen vor. Selbstverständlich ist auf weizenfähigen Windhalmböden das Auftreten des Windhalms im Weizen stärker als im Roggen wegen der unterschiedlichen Kampfkraft der beiden Wintergetreidearten. Die Bekämpfung im Wintergetreide geschieht auf den höheren Stufen ausschließlich durch Kalkstickstoff oder Hederichkainit, im Sommergetreide geschieht sie durch Jäten des Windhalms, was sehr leicht durchführbar ist, weil die wenigen Windhalmtriebe zur Zeit des Schossens das Sommergetreide überragen. Man wird aber trotz alledem der Windhalmplage nie Herr werden, wenn nicht bei der Bekämpfung gemeinsam vorgegangen wird. Sonst wird das reine Feld immer wieder vom Nachbarfeld oder den nicht gemähten Rainen durch Samenanflug infiziert. In feuchten Herbsten kommt es dann zu Windhalmjahren, besonders wenn man das Wintergetreide nach Kartoffeln baut und nicht geschält, sondern nur gegrubbert hat, wobei alle angeflogenen Samen an der Bodenoberfläche bleiben und dort keimen.

Das *Ackerruchgras* ist in seinem Vorkommen auf noch leichtere Böden beschränkt als der Windhalm, wahrscheinlich, weil seine Samen im garen Ackerboden so leicht zugrunde gehen, daß schon deshalb die besseren Böden als Standort ausscheiden. Wesentlich zur Bekämpfung ist das Stoppelschälen zur Vernichtung der Unterpflanzen im Getreide, ferner das Reinhalten der Hackfrucht. In der Winterung geschieht die Bekämpfung durch Kalkstickstoff oder auch durch Einsaat von Seradella. Der im Roggen zur Reife kommende auf den Boden fallende Unkrautsamen keimt fast restlos unter der schützenden Seradella und wird beim Umpflügen der Seradella vor dem Absamen gestört. Hofhygiene ist außerdem besonders zu beachten, weil sonst dieses zweigrannige, überall anhaftende Unkraut über den Stallmist und das Saatgut wieder den Acker infiziert.

Der *Ackerfuchsschwanz* ist umgekehrt auf schweren Böden in feuchten Gegenden oft das gefürchtetste Unkraut. Er ist deshalb so gefährlich, weil er in allen Früchten im Wintergetreide, im Sommergetreide und in der Hackfrucht, abgesehen allein von den Futterschlägen, vorkommen bzw. zur Reife kommen kann. Sogar der Raps, der sonst bei gutem Stande so unkrautarm ist, befällt mit ihm. Selbstverständlich kommt dieses Unkraut, das seine Hauptkeimzeit im Herbst, auch schon im frühen Herbst hat, hauptsächlich in der Winterung vor und wird besonders dann zur Plage, wenn viel Winterung gebaut wird, was auf schweren Böden, auf den Ackerfuchsschwanzstandorten, aus Gründen der spezifischen Ertragsfähigkeit meist das Gegebene ist. Man kann deshalb selbstverständlich nicht im Interesse der Bekämpfung dieses Unkrauts eine Einschränkung des Anbaues der Winterung vorschlagen, wie es oft geschieht. Man kann allerdings eine Umstellung innerhalb des Anbaues vorschlagen, die sehr wirksam ist, nämlich die Einsaat des Klees in Sommergetreide nach Hackfrucht. Dann laufen zwar die vor der Sommerung reifenden auf den Boden fallenden Ackerfuchsschwanzfrüchte im Klee auf, werden aber vor der Reife abgeschnitten. Bekämpft wird der Ackerfuchsschwanz im übrigen durch Stoppelschälen, durch reine Hackfrucht und durch Kalkstickstoffdüngung zur Winterung.

Die *Kornblume* ist in den letzten 50 Jahren merklich zurückgegangen. Ihre Samen sind nämlich im garen Boden nicht lange lebensfähig. Würde nicht immer wieder eine Verseuchung durch ungaren Stallmist stattfinden, in den die Fruchtköpfe zu leicht über die Spreu geraten, dann würde sie nach der Meinung *O. Wehsargs* bald so selten sein wie die Kornrade. Die Bekämpfung geschieht durch Stoppelschälen, durch Reinhalten der Hackfrüchte und durch Kalkstickstoffkopfdüngung zu Wintergetreide.

Auch der *Klatschmohn* ist jedenfalls gegendweise eben so stark zurückgegangen wie die Kornblume. Zwar sind seine Samen etwas hartnäckiger als die der Kornblume, dafür wird aber auch kein Samen durch den Stallmist auf den Acker zurückgeführt, auch ist sein Vorkommen auf Wintergetreide und auf die Hackfrucht beschränkt. Stoppelschälen, reine Hackfrucht schränken ihn schon ein. Ein zweimaliges Eggen oder auch Hacken bzw. ein zweimaliges kombiniertes Eggen und Hacken des Weizens im Frühjahr dämmt ihn dort stark ein. Seit dem Aufkommen der Kalkstickstoffdüngung kann man ihn im Wintergetreide zusätzlich mit Kalkstickstoff bekämpfen.

Die beiden Wintergetreideunkräuter *Miere* und *Ehrenpreis* schließlich werden gewöhnlich für harmlos gehalten; und doch können sie auf guten Böden mit starkem Anbau von Winterung zu den schädlichsten Unkräutern werden. Da die Miere im Herbst sehr früh keimt, wird sie namentlich der Wintergerste leicht gefährlich. *B. Rademacher* empfiehlt außer den sonstigen Maßnahmen ein Eggen der Wintergerste im Herbst zur Zeit des Spitzens und ein abermaliges Eggen nach der Entwicklung des dritten Blattes. Der Ehrenpreis kommt später, tritt verheerend namentlich im Weizen auf. Als Maßnahmen kommen die gegen die Wintergetreideunkräuter geschilderten in Anwendung. Wichtig ist nur, daß man das Auftreten beachtet und dann dementsprechend handelt. Der Ehrenpreis fruchtet im Frühjahr, bevor er vom Weizen unterdrückt werden kann und nimmt dem Weizen den größten Teil der Stickstoffdüngung.

C. Die Wirkung der einzelnen Feldfrüchte auf die Verunkrautung

Auf Grund der im ersten Teil dieser Arbeit vermittelten Kenntnis, welche Kulturmittel in den verschiedenen Zonen vornehmlich gegen das Unkraut einzusetzen sind und auf Grund der im zweiten Teil dieser Arbeit vermittelten Kenntnis der Reaktion der hartnäckigsten Wurzel- und Samenunkräuter auf die jeweils zum Einsatz gelangenden Kulturmittel ist der Bauer oder sein Wirtschaftsberater schon weitgehend befähigt, das Unkraut im Rahmen seines Wirtschaftssystems in Schach zu halten. Die Betriebslehre kann ihm aber dabei weiter noch dadurch helfen, daß sie auseinandersetzt, wie die einzelnen Feldfrüchte auf die Verunkrautung wirken. Zwar ist die Fruchtfolge keineswegs, wie oft behauptet wird, ein Mittel der Unkrautbekämpfung. Das Anbauverhältnis und die daraus resultierende Fruchtfolge hat andere Bestimmungsgründe als die Bekämpfung des Unkrauts. Selbst auf den sehr unkrautwüchsigen Niederungsmooren kapituliert man kaum so weit vor dem Unkraut, daß man dort das Anbauverhältnis und die Fruchtfolge nach dem Unkraut ausrichtet, Früchte in die Folge aufnimmt, weil sie das Unkraut niederhalten und Früchte herausläßt, weil sie die Verunkrautung zu sehr fördern. Wohl nimmt man im Interesse der Unkrautbekämpfung überall einmal Umstellungen innerhalb der Fruchtfolge vor, die das Anbauverhältnis nicht stören; wir haben bei der Abhandlung des Hederichs, des Flughafers, des Ackerfuchsschwanzes und des Ackerruchgrases von solchen Umstellungen gehört, und man richtet sich bei der Sortenwahl eventuell nach der Verunkrautung. Aber selbstverständlich hat jede Frucht und jede Fruchtfolge eine bestimmte Wirkung auf die Verunkrautung, und diese gilt es zu kennen, wenn man das Unkraut mit Erfolg bekämpfen will. Es soll hier im dritten Teil der Arbeit deshalb noch die Wirkung der verschiedenen Feldfrüchte auf die Verunkrautung geschildert werden. Wenn bei dieser Schilderung die einen Kulturpflanzen als typische oder mehr oder weniger ausgeprägte Unkrautbringer und die anderen Kulturpflanzen als typische oder mehr oder weniger ausgeprägte Unkrautbekämpfer gekennzeichnet werden, so darf das natürlich nicht dahin mißverstanden werden, daß man diese Eigenschaften ruhig hinnehmen bzw. noch ruhiger begrüßen soll. Man muß diese Eigenschaften nur kennen, um dann auf der Hut zu sein, alles zu tun, daß die Verunkrautung bei den Unkrautbringern in Grenzen bleibt und daß die Unkrautbekämpfer zu noch größeren Helfern im Kampf gegen das Unkraut werden.

Am umfassendsten hat bisher *O. Wehsarg*[1] über die Wirkung der verschiedenen Feldfrüchte auf die Verunkrautung in seinem großen grundlegenden Werke aus dem Jahre 1916 berichtet. Den Einfluß der Beschattungskraft der verschiedenen Feldfrüchte auf die Verunkrautung hat *B. Rademacher*[2] neuerdings gründlich untersucht. Ebensoviel Beachtung wie die Beschattungskraft der verschiedenen Kulturpflanzen verdient der Zeitpunkt ihres Anbaus. Fallen Bestellungszeiten, Pflegezeiten und die Bodenbearbeitung nach der Ernte in eine Zeit, in der die Unkräuter besonders anfällig sind, so unterdrückt auch eine nicht schattende Kulturpflanze das Unkraut. Das beste allgemeiner bekannte Schulbeispiel dafür ist der Anbau von gepflanzten Wrucken als Zweitfrucht. Obwohl die Wrucken den Boden mit ihren Blättern nicht wirklich beschatten, bleiben sie rein von Unkraut trotz geringer Pflege. Sie müssen nur einmal mit der Maschine gehackt und sorgfältig von Hand nachgeputzt werden. Samenunkräuter keimen kaum zur Pflanzzeit und die Wurzelunkräuter, namentlich die Distel, sind zur Pflanzzeit und zur Zeit der Hacke der Wrucken so empfindlich, daß sie sehr leicht niederzuhalten sind. Auch beim Gemüsebau als Nachfrucht hat man kaum mit dem Unkraut zu tun, obwohl sonst der Gemüsebau leicht zur totalen Verunkrautung führt. Auch ist bekannt, daß man sich auf unkrautwüchsigen Böden bei der Ansaat von Wiesen im Frühjahr vor Unkraut oft nicht bergen kann, während eine Ansaat im Spätsommer fast unkrautrein ist. Als drittes Moment muß neben der Beschattungskraft der verschiedenen Feldfrüchte und neben dem Zeitpunkt ihrer Bestellung, Pflege und Ernte zur Beurteilung ihrer Wirkung auf die Verunkrautung noch beachtet werden, wie lange sie das Feld einnehmen. Je länger die Zeit des Wachstums einer

[1] *O. Wehsarg*, Die Verbreitung und Bekämpfung der Ackerunkräuter in Deutschland, Bd. I „Biologische Studien und allgemeine Bekämpfung", Berlin, DLG 1916, S. 401—445.

[2] *B. Rademacher*, Über die Lichtverhältnisse in Kulturpflanzenbeständen, insbesondere im Hinblick auf den Unkrautwuchs, Zeitschrift für Ackerbau und Pflanzenbau 1950, S. 129—165.

Frucht ist, um so mehr Unkrautsamen kommen unter sonst gleichen Verhältnissen zur Reife und fallen vor und bei der Ernte aus, um so mehr reichert also die Frucht den Acker mit Unkrautsamen an. Diese Anreicherung des Bodens mit Unkrautsamen hängt allerdings auch von der Erntemethode ab. Wird der Mähdrescher benutzt ohne Kaffwagen, was man auch bei uns beobachten kann, dann gelangen alle überhaupt ausgebildeten Unkrautsamen auf das Feld, während bei anderen Erntemethoden doch recht viele Unkrautsamen mit der Frucht eingefahren werden. Sonst brauchten wir ja keine Hofhygiene zu betreiben. Ob, wie neuerdings wieder untersucht wird, neben diesen drei offensichtlichen Gründen auch der sogenannte Antagonismus zwischen Kulturpflanze und Unkraut das stärkere oder schwächere Auftreten des Unkrauts in den verschiedenen Feldfrüchten ausschlaggebend mit bedingt, ist sehr unwahrscheinlich. Die oft zitierten älteren Behauptungen [1] darüber entpuppen sich leicht als grobe Fehlschlüsse auf Grund mangelnder Kenntnis. So wachsen die Melden nicht aus einer besonderen Vorliebe für die Kartoffel in besonders großen Exemplaren dicht neben der Kartoffelstaude, sondern weil sie dort von der Egge nicht erfaßt wurden. Auch führt der Wruckenbau nicht zur Vertilgung der Disteln, weil Wrucken und Disteln „feindliche Brüder“ sind, sondern weil die späte Bestellung und das späte Hacken die Distel zur Zeit ihrer größten Anfälligkeit treffen. Auch keimt nicht die Kleeseide plötzlich nach Jahren wieder, sobald erneut Klee angesät wird, weil vom Klee ein Keimreiz ausgeht, sondern die keimende Kleeseide ist mit dem Klee ausgesät worden. Diese Beispiele ließen sich beliebig vermehren. Zu denken gibt allerdings eine Beobachtung *B. Rademachers* [2]. Er fand bei vergleichenden Versuchen über die Kampfkraft der Wintergetreidearten, daß die bekannte große Kampfkraft des Roggens zwar in erster Linie auf dessen starke Beschattungskraft zurückzuführen ist, daß aber doch gleich nach der Aussaat, als von stärkerer Beschattung noch keine Rede sein konnte, im Roggen weniger Unkräuter keimten als in dem gleichzeitig ausgesäten sonstigen Wintergetreide. Bei der Ackerhundskamille und der Geruchlosen Kamille unterblieb sogar die Keimung. Vielleicht ist diese Erscheinung aber, wenn auch nicht auf die oberirdische Konkurrenz, so doch auf ebenso natürliche Weise auf die unter-

[1] *J. Kuhn*, Daseinskampf zwischen Blattfrucht und Unkraut. M. d. DGL, 1932, Nr. 47.

[2] *B. Rademacher*, Über den antagonistischen Einfluß von Roggen und Weizen auf Keimung und Entwicklung mancher Unkräuter. Pflanzenbau, 1940, 17. Jg. H. 5, S. 131—143.

irdische Konkurrenz zurückzuführen. Der Roggen mit seiner früheren und flacheren Bewurzelung wird vielleicht durch Wasser und Nährstoffentzug das Keimen der Unkräuter verhindert haben.

Noch mehr zu denken geben die Angaben *W. Rothmalers*[1]. Er zitiert zunächst die Erfahrung *D. N. Prjanishnikows*[2], daß der Ertrag des Leins bei einer 1%igen Verunkrautung mit Leindotter um fast ein Drittel sinkt. Diese Herabsetzung des Ertrages des Leins kann kaum durch bloßen Entzug der Wachstumsfaktoren bedingt sein, wenn auch nach den Untersuchungen des norwegischen Unkrautforschers *E. Korsmo* das Unkraut zur Herstellung derselben Menge Trockensubstanz doppelt soviel Wasser verbraucht wie die Kulturpflanze; hier muß doch wohl auch ein antagonistisches Herabsetzen des Wachstums des Leins durch den Leindotter vorliegen. Kaum anders zu deuten ist auch der anschließend mitgeteilte eigene Versuch, bei dem die mitausgesäten Klettenlabkrautsamen die Keimung des Leins herabsetzten, während umgekehrt die mitausgesäte Kornrade die Keimung des Weizens förderte.

Wie dem aber auch sei, daß die besondere Feindschaft oder die besondere Freundschaft zwischen Kulturpflanzen und Unkräutern eine größere Rolle bei der Verunkrautung spielen, widerspricht allen unseren Erfahrungen. Die Bekämpfung durch die Beschattung bleibt um so mehr aus, je schlechter die Kulturpflanzen stehen; der Hanf, der bei gutem Stande jedes Unkraut durch Beschattung unterdrückt, wird zum größten Unkrautbringer, wenn er mißrät. Die Kohlrübe, die bei Spätpflanzung die Distel bekämpft, fördert die Verdistelung, wenn sie nicht spät gepflanzt, sondern ebenso wie die sonstigen Rüben früh gesät wird und die Bestellungs- und Pflegearbeiten dann in die nicht anfällige Zeit fallen. Bei der Schilderung des Einflusses der Feldfrüchte auf die Verunkrautung können wir also den noch nicht geklärten Antagonismus außer acht lassen, ohne einen merklichen Fehler zu begehen. Er wird wahrscheinlich nur gelegentlich eine gewisse Rolle spielen.

a) Das Getreide in seiner Wirkung auf die Verunkrautung

Der Getreidebau führt leicht zur Verunkrautung, der Wintergetreidebau zur Vermehrung der Herbstkeimer, der Sommergetreidebau zur Vermehrung der Frühjahrskeimer und beide zur Vermehrung der Wurzel-

[1] *W. Rothmaler*, Artentstehung in historischer Zeit am Beispiel der Unkräuter des Kulturleins. Der Züchter, Berlin 1946, H. 3, S. 92.

[2] *D. N. Prjanischnikow*, Spezieller Pflanzenbau, Berlin 1930, S. 453.

unkräuter. Man muß also beim Getreidebau jede Kulturmaßnahme in ihrer Wirkung auf das Unkraut besonders beachten, wenn man die Verunkrautung in Grenzen halten will. Allerdings ist unter den Getreidearten eine Frucht, die das Unkraut unterdrücken hilft, nämlich der Winterroggen. Auch gut stehende Wintergerste kann man nicht zu den Unkrautbringern zählen.

1. Der Winterroggen

Rechtzeitig und richtig bestellter Winterroggen hilft die Verdistelung und die Verqueckung einschränken. Der Winterroggen wächst dann im Frühjahr früh los, er beschattet das Feld bald, er beschattet es ziemlich lange, er beschattet bei seiner großen Strohlänge auch höher wachsendes Unkraut. Er verläßt das Feld früh, so daß Quecke und Distel dann weiter durch Bodenbearbeitung gestört werden können. Auch Samenunkräuter werden niedergehalten, so alle Frühjahrskeimer, die in gut stehendem Roggen nicht zum Keimen kommen. Wintergetreideunkräuter wie Windhalm und Ackerruchgras und Zitterwicke müssen allerdings eventuell noch besonders bekämpft werden. Natürlich bekämpft Winterroggen ebenso wie alle anderen Früchte die Unkräuter um so gründlicher, je besser er steht, je stärker er also gedüngt ist. Deshalb ist der meist frühgesäte und stark mit Jauche getriebene Grünfutterroggen ein so starker Unkrautunterdrücker. Wenn die Grünfutterstoppel gleich nach der Ernte umgeackert wird, gibt es wohl überhaupt kaum ein wirksameres Mittel gegen alle Unkräuter.

2. Die Wintergerste

Die Wintergerste beschattet bei rechtzeitiger Bestellung im Herbst stärker als der Roggen, holt die stärkere Schwächung während des Winters im Frühjahr bald auf, so daß sie an Beschattung dem Roggen nicht nachsteht, auch wird sie noch früher geschnitten als der Roggen, so daß durch das Umackern der Stoppeln noch mehr zusätzlich gegen die Wurzelunkräuter getan werden kann. Trotzdem steht sie im allgemeinen dem Roggen bei der Unkrautunterdrückung doch nach, weil sie eine geringere Strohlänge hat und auch leichter einmal dünn steht wegen der geringeren Winterfestigkeit. Dünn stehende Wintergerste ist aber einer der größten Unkrautbringer. Gegen Herbstkeimer muß bei der Wintergerste ebenso wie beim Winterroggen eventuell zusätzlich etwas unternommen werden. Bei der frühen Saatzeit werden ihr frühkeimende

Herbstkeimer, wie die Vogelmiere, die sonst als harmlos gelten, leicht gefährlich. Wie *B. Rademacher* nachgewiesen hat, sind erhebliche Unterschiede zwischen den einzelnen Sorten in der Kampfkraft gegen das Unkraut vorhanden. Die frühen Sorten sind überlegen. In Mecklenburg hat sich namentlich die Peragis gegenüber der Friedrichswerther bei der Unkrautbekämpfung besonders bewährt, wie besonders auch durch die Sortenversuche erwiesen ist, die *Lüddeke* in Doberan auf dem Versuchsfeld seiner Landwirtschaftlichen Fachschule anstellte.

3. Winterweizen

Der Winterweizen steht sowohl der Wintergerste als auch dem Winterroggen in der Beschattung im Herbst und vor allen Dingen im Wachstum im frühen Frühjahr und damit auch in der Kampfkraft gegen das Unkraut sehr nach. Auch räumt der Winterweizen das Feld erheblich später. Extensivweizen wie der Siegerländer haben nach *B. Rademacher* fast eine ebenso frühe Frühjahrsentwicklung wie Winterroggen und Wintergerste. Ob es aber richtig ist, auch bei der Züchtung der Intensivweizen dieses frühe Wachstum als eines der Zuchtziele mit aufzunehmen, erscheint doch sehr fraglich. Weizen wird ja unter intensiveren Verhältnissen sowieso im Frühjahr ausgiebig gehackt und geeggt, so daß dessen Kampfkraft gegen das Unkraut hier nicht so wichtig ist wie unter extensiveren Verhältnissen. Wir werden jedenfalls auf die besonders hohe Ertragsfähigkeit des Derenburger Silberweizens nicht verzichten, nur weil er schlechter mit dem Unkraut fertig wird. Man wird vielmehr unter intensiven Verhältnissen die Pflege und Düngung auf seine geringere Kampfkraft einstellen müssen und können. Daß dem Winterweizen bei seiner späten Frühjahrsentwicklung sonst so harmlose Unkräuter wie die Ehrenpreisarten, die ihr Wachstum bereits im Frühjahr abgeschlossen haben, bevor der Weizen sie unterdrücken kann, gefährlich werden können, haben wir bereits betont.

4. Das Sommergetreide

(Sommerroggen, Sommerweizen, Sommergerste, Sommerhafer)

Unter den Sommergetreidearten sind keine Unkrautbekämpfer. Sie reifen meist später als die Wintergetreidearten, es fallen mehr Unkrautsamen auf dem Felde aus, außerdem ist das Umpflügen der Stoppel weniger wirksam. Sie müssen meist sehr früh im Frühjahr gesät werden, so daß das Unkraut vor der Saat kaum bekämpft werden kann. Sie wachsen anschließend nicht so schnell, daß das um diese Zeit besonders wüchsige Unkraut unterdrückt wird. Sie liefern auch später keinen so langen und tiefen Schatten wie die Unkrautbekämpfer unter den Wintergetreidearten. Man muß also auf die Pflege der Sommerung besondere Aufmerksamkeit verwenden, wenn die Verunkrautung nicht zu sehr gefördert werden soll. Die einzelnen Sommergetreidearten weisen noch gewisse beachtliche Unterschiede auf. Der Sommerroggen wächst am schnellsten, gibt aber später keinen so dichten Schatten. Die Sommergerste wächst auch ziemlich schnell, bleibt aber sehr kurz, so daß sie dadurch in ihrer Kampfkraft gegen höherwachsende Unkräuter sehr zurücksteht. Von Vorteil aber ist, daß sie meist am spätesten gesät und am frühesten geerntet wird. Besonders trifft das für die vierzeilige Sommergerste zu, die auf leichteren Böden durchaus Daseinsberechtigung haben kann. Hafer und Weizen wachsen langsam, Hafer gibt aber später einen besonders tiefen Schatten.

b) Die Hackfrüchte in ihrer Wirkung auf die Verunkrautung

Die Hackfrüchte werden in ihrer Wirkung auf die Verunkrautung einerseits überschätzt und andererseits unterschätzt. Die Hackfrucht ist wohl im Kampf gegen die Samenunkräuter nicht aber im Kampf gegen die Wurzelunkräuter ein Ersatz der Brache auf den intensiveren Stufen der Landwirtschaft, wie bereits früher des näheren auseinandergesetzt wurde. Nur Hackfrucht als Zweitfrucht wirkt eindämmend auf die Wurzelunkräuter, gegen die Verqueckung wirkt allerdings auch der Kartoffelbau.

1. Die Rüben

Die Rüben, gleichgültig ob es sich dabei um Zuckerrüben, Runkelrüben oder Kohlrüben handelt, werden im Frühjahr später gesät als das Getreide. Ein großer Teil der Samenunkräuter kann deshalb schon vor der Bestellung vernichtet werden, nämlich durch die Bestellungsvorarbeiten und durch die Kalkstickstoffgabe zehn Tage vor der Saat. Das keimende Samenunkraut wird weiter durch Handhacke und Maschinenhacke immer wieder zerstört, die im Boden liegenden Unkräuter werden durch die Gare, die der Rübenboden entwickelt, schwer getroffen. Die Bestellungs- und Hackarbeiten treffen aber die ausdauernden Unkräuter zu früh. Die Wurzelunkräuter verlegen sich auf die unterirdische Ausbreitung und schicken nur reichlich für Reservestoffe sorgende Triebe nach jedem

Hacken über den Boden. Diese werden auch später durch das dichte Zuckerrübendach nicht am Assimilieren gehindert, da das Dach so niedrig ist und auch bei Runkelrüben und Kohlrüben wenig deckt. Pflanzrüben und Stoppelrüben sind dagegen ein ausgezeichnetes Mittel auch gegen die Distel. Bodenbearbeitung und Pflege fallen nunmehr in die anfällige Zeit.

Unkrautbringer schlimmster Art sind die zur Saatgewinnung gebauten Zucker- und Runkelrüben. Bei der relativ frühen Pflanzung im Frühjahr fallen Bestellung und Bearbeitung in die Zeit der größten Widerstandsfähigkeit der Wurzelunkräuter. Es findet geradezu eine Kultur der Wurzelunkräuter statt. Auch schließen später die Zuckerrüben- oder Runkelrübensamen so schlecht wie kaum eine zweite Kulturpflanze. Wenn man die Kulturpflanze nennen sollte, die die größte Kampfkraft gegen das Unkraut hat, so müßte man wohl den Hanf nennen, die niedrigste aber hat sicherlich der Rübensamen. Ganz anders wirkt dagegen der Kohlrübensamenbau. Er ist fast identisch mit dem Rapsbau und wirkt deshalb ähnlich unkrautvernichtend wie dieser. Allerdings wintert der Kohlrübensamen noch leichter aus als der Raps.

2. *Die Kartoffeln*

Gegen die Samenunkräuter ist der Kartoffelbau ebenso wirksam wie der Rübenbau, nur muß die Melde, wie bereits ausgeführt wurde, bei der Saatenpflege besonders beachtet werden. Manche Praktiker streuen auch Kalkstickstoff nach der letzten Bearbeitung, acht Tage vor dem Aufgehen der Kartoffeln zur Samenunkrautbekämpfung und erzielen damit große Erfolge. Gegen die Wurzelunkräuter ist auch mit dem Kartoffelbau ebensowenig zu erreichen wie mit dem Rübenbau. Allerdings wird der Kartoffelbau ein vorzüglicher Queckenvertilger, wenn man eine blattreiche Sorte wählt, die mehrere Monate hindurch ein dichtes Blätterdach entwickelt. Die Verqueckung kann allerdings durch den Kartoffelbau auch gefördert werden, wenn man blattarme, frühe und mittelfrühe Sorten wählt, und sie noch dazu nicht rechtzeitig erntet. Man kann nicht genug mit *W. Schleusener*[1] und anderen Kennern des Kartoffelbaus betonen, daß man unter keinen Umständen mehr Frühkartoffeln und mittelfrühe Kartoffeln anbauen darf, als man rechtzeitig ernten kann. Sonst macht man einen der besten Helfer des Betriebes im Kampf gegen das Unkraut

[1] *W. Schleusener*, Der Hackfruchtbau in Mecklenburg. Herausgegeben vom Ministerium für Landwirtschaft, Schwerin 1948.

zum Unkrautbringer. Besonders wachsam muß man auch bei starkem Phytophterabefall sein, der zu einem vorzeitigen Absterben der Blätter führt. Eine Hinauszögerung der Ernte führt dann nicht nur zur Infektion der Knolle mit Phytophtera und damit zur Braunfäule in den Mieten, sondern auch zur stärkeren Verunkrautung und zum Verlust der Gare, die der Kartoffelbau dem Acker gebracht hat. Beim Getreidebau weiß man, daß man rechtzeitig ernten muß, weil die Schäden ohne weiteres sichtbar sind, beim Kartoffelbau denkt man sich leider nichts dabei, ein Feld einen Monat zu spät zu ernten, weil die Schäden sich nicht so offensichtlich zeigen. Sie sind aber auch sehr groß.

3. Der Mais

Der Körnermais ist ein Unkrautbringer. Es kommt fast während seiner ganzen Wachstumszeit nicht zu einem Schattendach, und die Bestellungs- und Pflegearbeiten treffen die Wurzelunkräuter zu früh. Selbstverständlich sind gerade beim Körnermais noch große Unterschiede zwischen den einzelnen Sorten gegeben. Aber nur durch besonders intensives Hacken, wobei die Handhacke nicht fehlen darf, verhindert man die totale Verunkrautung der Maisfelder. Das ist der Hauptgrund, weshalb der Maisbau mit dem Kartoffelbau bei uns nicht konkurrieren kann, sondern beschränkt bleibt auf die Gewinnung von Hühnerfutter.

Ganz anders wirkt dagegen der Mais auf das Unkraut, wenn er zur Futtergewinnung als Zweitfrucht angebaut wird. Bei der dichteren Saat schließt der Grünfuttermais viel früher und dichter, auch fallen die Hackarbeiten in eine Zeit, die den Wurzelunkräutern gefährlich sind. Wenn man den Futtermaisbau abpaßt, hat man einen Unkrautbekämpfer im Betriebe mehr.

c) Die Futterpflanzen in ihrer Wirkung auf die Verunkrautung

Die Wirkung des Futterpflanzenbaus auf die Verunkrautung wird meist sehr unterschätzt. *O. Wehsarg* hat fast recht, wenn er sagt, daß der Anbau der Futterpflanzen in bezug auf die Unkrautbekämpfung der Ersatz der Brache auf den intensiveren Stufen der Landwirtschaft ist. Und zwar haben alle Formen des Futterbaus diese Wirkung auf das Unkraut, der mehrjährige Futterbau, der einjährige Futterbau und der Zwischenfutterbau, mit alleiniger Ausnahme der Untersaat, die nur möglich ist, wenn der Acker nicht verqueckt ist.

1. Die Luzerne

Der Luzernebau vernichtet alle Wurzelunkräuter mit Ausnahme der Quecke. Die Quecke vergrast die Luzerne, weil sie im Frühjahr namentlich in kühlen Gegenden früher loswächst als die Luzerne und auch nach dem Schnitt gleich weiter assimiliert. Auch gegen die Samenunkräuter wirkt die Luzerne. Wird sie in Sommerung eingesät, so bleibt der in der Sommerung abfallende Flughafersamen nach der Ernte der Sommerung auf dem Boden liegen und verkommt. Allerdings reinigt die Luzerne den Boden selbst meist nicht vollständig von den Samenunkräutern, da das im Luzerneboden entwickelte Bakterienleben oft nicht ausreicht, alle Samen zu zerstören. Nur wenn der Umbruch nach dem ersten Schnitt erfolgt, fallen die Unkrautsamen im Ackerboden den Bakterien zum Opfer. Auch hat die Luzerne einige Sonderunkräuter, unter denen sie leidet, das *Frühlingskreuzkraut* und den *Löwenzahn.* Das im Herbst keimende überjährige Frühlingskreuzkraut[1] ist im Herbst oder Winter durch Jäten zu beseitigen, das sich sehr leicht bewerkstelligen läßt. Viel gefährlicher ist der Löwenzahn. Selten sind Felder so ertraglos wie viele vierjährige Luzernefelder, die fast nur noch mit Löwenzahn bestanden sind. Diese Verunkrautung liegt zunächst an der geringen Kampfkraft vieler Luzernefelder in dem dritten und vierten Jahr des Anbaus. Man vergißt zu häufig, daß die Luzerne vier Jahre ausdauern soll und gibt ihr nur Nährstoffe für zwei Jahre mit. Geschwächt ist die Luzerne manchmal weiter dadurch, daß der Schnitt zu oft vor der Blüte vorgenommen wird, um besonders eiweißreiches Futter zu erhalten. Das hält aber auch der beste Luzernebestand auf die Dauer nicht aus. Zu verhindern ist die Verunkrautung der Luzerne mit Löwenzahn, abgesehen von der Stärkung der Kampfkraft durch gute Düngung und Schonung bei der Nutzung, weiter durch das Eggen der Luzernefelder nach dem ersten Schnitt. Der Löwenzahn fruchtet etwa zur Zeit des ersten Luzerneschnittes. Die durch den Wind weit hergetragenen Löwenzahnfrüchte kommen um diese Zeit in der Luzerne zum Keimen, wenn nicht geeggt wird. Die einzelnen Löwenzahnpflanzen werden etwa vier Jahre alt. Im vierten Jahre blühen dann in der Luzerne die im ersten Jahr angeflogenen Pflanzen, die verstärkt im

[1] Das Frühlingskreuzkraut (Senecio vernalis) wird in der Praxis manchmal auch Wucherblume genannt. Es hat aber nichts zu tun mit der echten Wucherblume (Chrysanthemum segetum), die vor 100 Jahren zu den schlimmsten Samenunkräutern des Sommergetreides zählte, aber mit der besseren Saatgutreinigung und der höheren Bodenkultur fast verschwunden ist. Neuerdings sieht man sie wieder häufiger, wahrscheinlich als Folge verunreinigten Saatgutes.

zweiten Jahr angeflogenen Pflanzen und dazu die in noch größerer Zahl im dritten Jahre angeflogenen Pflanzen. Die Löwenzahnplage ist da.

2. *Der Klee*

Der Anbau von Rotklee wirkt ähnlich wie der Luzernebau. Nur ist die Wirkung auf die Wurzelunkräuter wegen der kürzeren Lebensdauer nicht so intensiv. Umgekehrt verunkrautet der Klee wegen der kürzeren Lebensdauer viel weniger mit Löwenzahn.

3. *Das einjährige Futterleguminosengemenge als Hauptfrucht*

Das einjährige Futtergemenge setzt in besonderem Maße die Verunkrautung sowohl mit Samenunkräutern als auch mit Wurzelunkräutern um so mehr herab, je besser es steht. Die im Gemenge gekeimten Samenunkräuter kommen bei der frühen Ernte nicht zum Aussamen, die im Boden ruhenden Unkrautsamen werden durch die unter dem Futtergemenge sich entwickelnde Gare weitgehend zerstört. Die Wurzelunkräuter werden gezwungen, sich unterirdisch auszugeben, weil sie sonst nicht Schritt halten können mit dem Wachstum der Futterpflanzen und werden durch die nachfolgende Bodenbearbeitung weiter empfindlich getroffen.

4. *Das Zwischenfutter*

Ebenso wirksam gegen jegliche Verunkrautung wie der Roggengrünfutterbau ist auch der sonstige Anbau von Winterzwischenfutter, also der Anbau des Wickroggens, des Wickgrases, des Landsberger Gemenges, des Futterrapses und des Futterrübsens. Vorbedingung ist auch hier, daß das Zwischenfutter gut steht und die Stoppel gleich nach der Ernte umgeackert wird, ehe die Wurzelunkräuter sich wieder kräftigen können.

Sehr wirksam ist auch der Anbau aller Stoppelfuttergemenge, wenn sie gut geraten. Die Bodenbearbeitung zu den Stoppelfrüchten erfolgt in den Schwächezeiten der Wurzelunkräuter, ein schnell wachsendes gut stehendes Futtergemenge überwächst die nachtreibenden Schößlinge und hindert sie am Assimilieren.

Weniger wirksam gegen die Verunkrautung ist die Untersaat von Seradella auf den geringeren und von Klee auf den besseren Böden. Namentlich die Verqueckung kann durch die Untersaat sehr gefördert werden.

d) Die anderen Feldfrüchte in ihrer Wirkung auf die Verunkrautung

(Hanf, Flachs, Raps, Mohn, Körnerleguminosen)

Getreidebau, Hackfruchtbau und Futterbau sind die drei tragenden Säulen der meisten Anbausysteme und Fruchtfolgen. Deshalb teilt auch *Th. Brinkmann* die verschiedenen Anbausysteme mit Recht nach dem Vorherrschen dieser drei Richtungen des landwirtschaftlichen Anbaus ein. Die anderen Feldfrüchte spielen daneben nur gegendweise eine größere Rolle. Dort können sie allerdings zu den wichtigsten Früchten der Fruchtfolge werden. Sie sollen hier wegen ihrer nicht so universellen Bedeutung kürzer und unter einer Rubrik abgehandelt werden.

Unter diesen sonstigen Feldfrüchten sind zwei ausgesprochene Unkrautunterdrücker: der Hanf und der Raps.

Der Hanf läßt bei gutem Stande kein Unkraut hochkommen. Gebaut wird er vornehmlich auf Niederungsmoor, wo sein großer Stickstoffbedarf billig gedeckt werden kann und wo er als Unkrautunterdrücker besonders geschätzt wird. Er wird hier bei guter Versorgung mit Kali und Phosphorsäure auf nicht zu nassem und nicht zu trockenem Boden über 2 m hoch und hat diese Höhe, obwohl er erst im Mai bestellt wird, schon Mitte Juli erreicht. Kein Unkraut vermag mit seinem Wachstum Schritt zu halten. Einige Disteln versuchen es noch bis zu einer Höhe von 1,20 m, aber dann brechen sie ebenso wie der Knöterich in sich zusammen. Dichter Schatten bis in die oberen Schichten des Bestandes herrscht mehrere Monate hindurch. Dann verliert der Hanf seine Blätter, sie fallen zu Boden und erhöhen dort die sowieso schon so geförderte Gare. Auch die Samen im Boden trifft also der Hanfbau vernichtend. Je schlechter der Hanf steht, um so weniger wirkt er gegen das Unkraut. Der Hanf ist der beste Bodenboniteur, den man sich denken kann, er zeigt jede nasse Bodenstelle, jede trockene Bodenstelle und jede arme Bodenstelle durch zurückbleibenden Wuchs an. Auf nassen Böden wird er nur einige cm hoch und ist dort zwischen dem Unkraut nicht herauszufinden.

Ein fast ebenso großer Helfer im Kampf gegen die Unkräuter ist der Winterraps. Bei seiner frühen Saatzeit beschattet er den Boden schon weitgehend im Herbst, im Frühjahr übertrifft er in der Schattenwirkung in jeder Beziehung noch den Roggen. Bestellungsarbeiten, Pflegearbeiten und Stoppelarbeiten fallen in die anfällige Zeit der Wurzelunkräuter. Kein Wunder, daß die Vertreter des Antagonismus' auch Raps und Distel feindliche Brüder genannt haben. Ich kenne eigentlich nur ein Unkraut, mit welchem gut stehender Raps nicht fertig wird, den Ackerfuchsschwanz.

Zu diesen beiden Helfern im Kampf gegen das Unkraut sind zwei andere zweckverwandte Vertreter das gerade Gegenteil: zu der Winterölfrucht Raps die Sommerölfrucht Mohn und zu der Faserpflanze Hanf die Faserpflanze Lein. Sie sind ausgesprochene Unkrautbringer.

Auf den Mohn trifft fast dasselbe zu wie auf die Rübensamen. Es kommt auch beim Mohn selbst in der Blüte noch kaum zu einer längeren Schattenwirkung. Auch der Lein verhält sich nicht viel anders, nur daß seine Wachstumszeit kürzer ist und man deshalb auch vor der Bestellung und nach der Ernte mehr gegen die Verunkrautung der Felder unternehmen kann.

Abschließend noch ein Wort über die Körnerleguminosen.

Die Erbse ist in der Praxis als Unkrautbringer bekannt und gefürchtet. Zwar hat *B. Rademacher* am Boden im Erbsenbestande Beschattungsziffern gemessen, die nicht einmal vom Hanf erreicht werden. Aber da die Erbse nur langsam wächst und die Bestände bald in Lager gehen, schießen die Unkräuter durch. Erbsenfelder mit durchgeschossenen Disteln und Melden sind ein bekanntes Bild. Nur beim reichlichen Gebrauch von Egge und Hacke wird man die Verunkrautung in Grenzen halten. Ein sofortiger Stoppelsturz wird die Reinigung des Ackers nach Erbsen einleiten müssen.

Etwas günstiger in bezug auf Verunkrautungsgefahr steht die Ackerbohne da. Zwar ist das Jugendwachstum auch langsam, und man muß durch Pflegearbeiten dafür sorgen, daß die aufgelaufenen Samenunkräuter vor dem Bestandesschluß vernichtet werden. Aber anschließend entwickelt die Ackerbohne eine große Kampfkraft, die jedoch bald aufhört, da die Blätter lange vor der Reife abfallen. Auch Disteln können bei der frühen Bestellung der Ackerbohne ungestört in den Bohnenbeständen wachsen. Die späte Ernte verhindert zudem eine wirksame Bekämpfung der Wurzelunkräuter durch die Schälfurche.

Eigentliche Helfer im Kampf gegen die Unkräuter können unter den Körnerleguminosen nur die Lupinen sein. Sie werden im Unterschied zu Erbsen und Bohnen nicht als erste Früchte im Frühjahr bestellt. Man hat also vor der Bestellung Gelegenheit, das Unkraut auf billige Weise niederzuhalten. Wenn dann noch eine gewisse Saatenpflege erfolgt in der Zeit des Wachstumsstillstandes vor der Bestockung, dann wird die Lupine von sich aus später mit dem Unkraut fertig. Namentlich die gelbe Lupine entwickelt ein dichtes, lange anhaltendes Schattendach, das zwar nicht hoch ist. Aber auf den leichten Lupinenböden wachsen auch keine Disteln, sondern nur der sonst so schwer zu bekämpfende Ackerschachtelhalm, der ein dichtes Lupinenblätterdach nicht zu durchstoßen vermag.

Man mißverstehe die Ausführungen dieses Buches nicht dahin, daß der Kampf gegen das Ackerunkraut leicht sei. Der Kampf gegen das Ackerunkraut ist ein dauernder und nur zu führen, wenn man ein guter Ackerbauer, ein guter Pflanzenbauer und ein guter Betriebswirtschaftler ist, das ist der Tenor dieses Buches. Der Titel dieses Buches könnte deshalb auch lauten: „Der Kampf gegen das Ackerunkraut durch betriebswirtschaftlich richtigen Acker- und Pflanzenbau".

Ich möchte aber das Buch nicht schließen, ohne darauf hingewiesen zu haben, daß doch nicht immer und überall „jeder soviel Unkraut hat, wie er verdient". In feuchten Jahren, wenn man die Saaten schlecht pflegen kann, kommt es leicht zu einem Unkrautjahr dieser oder jener Art. In feuchten Gegenden auf schweren Böden ist der Kampf ungleich schwieriger als in trockenen Gegenden auf Mittelböden. Auf den sehr unkrautwüchsigen Niederungsmoorböden ist der Kampf überhaupt nur zu führen, wenn die wirtschaftlichen Bedingungen so sind, daß Hanf, Kartoffeln, Kleegrasgemenge und ähnliche Unkrautunterdrücker anbauwürdig sind. Auf nassen Böden ist der Kampf eine Sisiphusarbeit und ebenso überall dort, wo man nicht die Mittel hat, die notwendig sind, um die Intensitätsstufe einzuhalten, die verlangt wird.

Neuerdings bezeichnet *F. Sekera* die Ackerunkräuter als Ackerkräuter [1]. Durch diese neue indifferente Namengebung soll angedeutet werden, daß die Ackerunkräuter nicht nur schädlich, sondern auch nützlich sein können. Nach *F. Sekera* sollen sie dadurch nützlich werden, daß sie den Bakterien eine gemischte Nahrung bieten, die diesen neben der einseitigen Kost durch die Rückstände unserer Einzelkulturen besonders zuträglich sein soll. Diese Meinung *F. Sekeras* bedarf wohl noch der Überprüfung und des Ausbaus. Aber auch wenn sie bestätigt werden sollte, bedürfen die Ackerunkräuter keineswegs einer besonderen Fürsorge. Unkraut vergeht nicht. Auch der unkrautreinste Acker hat in allen Zonen der Unkrautbekämpfung noch soviel Unkraut, daß für gemischte Bakterienkost gesorgt ist. Zur Zeit der Brachwirtschaft ergrünten die Unkräuter auf

[1] *F. Sekera*, Die Ackerkräuter als Bakterienfutter. DLP 1950, Nr. 19, S. 2.

der Brache. In der dritten Zone ergrünen sie auf der ungeschälten Stoppel, auf der geschälten Stoppel und auf der nachbehandelten Stoppel. In der vierten Zone ergrünen sie im Frühjahr vor der Hackfruchtbestellung. Außerdem steht den Bakterien überall die Vielfalt der Samen unserer Ackerunkräuter zur Vergärung zur Verfügung. Im übrigen sorgt in der vierten Zone und zusätzlich auch schon in der vorhergehenden die Zwischenfrucht für gemischte Kost. Die Zwischenfrucht dürfte sogar der Ersatz durch etwas Besseres sein, ähnlich wie sie es in der Kautschukkultur in anderer Beziehung geworden ist. Dort war man in den Plantagen zunächst zu dem System des „clean weeding“, der restlosen Beseitigung des Unkrauts zwischen den Kautschukbäumen übergegangen und erlitt dadurch große Fehlschläge, da der unbedeckte Boden abgespült wurde und auch durch die direkte Sonneneinstrahlung an Humus verarmte. Angeregt durch die Methode der Eingeborenen, das Unkraut zwischen den Baumreihen ungehindert hochkommen zu lassen, ging man in den Plantagen vom System des „clean weeding“ dazu über, den Boden der Pflanzung mit Grünbedeckungspflanzen einzusäen und erzielte durch diesen Zwischenfruchtbau noch größere Erfolge als die Eingeborenen mit dem Wachsenlassen des Unkrauts [1].

[1] *R. Leonhardt*, Die Betriebsformen der Kautschukkultur auf Sumatra. Diss. Jena 1942, S. 49.

III. ÜBER DIE NOTWENDIGKEIT EINES GEMEINSAMEN VORGEHENS BEI DER UNKRAUTBEKÄMPFUNG

Wenn nun auch der einzelne Landwirt bei der Bekämpfung der Ackerunkräuter richtig vorgeht, wenn er davon ausgeht, welche Unkräuter bei seinem Anbausystem und seiner Fruchtfolge zu erwarten sind, wie diese Unkräuter durch die Früchte selbst und durch die Kulturmaßnahmen in Schach gehalten werden und welche Unkräuter trotzdem gefährlich zu werden drohen und wenn er dann bei erhöhter Wachsamkeit gegenüber diesen hartnäckigen Unkräutern auch diese durch zweckentsprechenden Einsatz aller seiner Kulturmaßnahmen zu beseitigen lernt, so wird sein Kampf doch nur zu einem Teilerfolg führen, wenn er nicht auch vom Nachbarn durchgeführt wird. Es bedarf also beim Kampf gegen das Unkraut eines genossenschaftlichen Vorgehens.

Es muß für eine gute Saatgutreinigung auf genossenschaftlicher Grundlage Sorge getragen werden. Der einzelne Bauer ist nicht in der Lage, sich das Saatgutreinigungskombinat anzuschaffen, das notwendig ist zur Bereitung einwandfreien Saatgutes.

Es muß genossenschaftlich dafür gesorgt werden, daß die Grenzraine, die Komposthaufen und andere Unkrautherde rechtzeitig gemäht werden, damit nicht von dort aus die Unkräuter immer wieder anfliegen.

In Ausnahmefällen kann es auch notwendig sein, eine Hederichspritze genossenschaftlich anzuschaffen zur eventuellen zusätzlichen Verwendung chemischer Bekämpfungsmittel.

Vor allem aber muß der Säumige zur richtigen Unkrautbekämpfung veranlaßt werden. In den Mitschurinzirkeln wird dieser gemeinsame Kampf zu organisieren sein.

In sehr hohem Maße wird die MAS dazu beitragen können, das Unkraut niederzuhalten, nicht nur wegen der höheren Bodenkultur, die sie schafft. Wenn dem Bauern die schweren Arbeiten durch die MAS abgenommen werden, kann er sich selbst mehr der Saatenpflege zuwenden.

ANHANG

DIE ACKERUNKRÄUTER ALS ZEIGERPFLANZEN

In einer Arbeit aus dem Jahre 1930 [1] habe ich nicht nur die Pflanzenbestände der an die Äcker angrenzenden Wälder, Wiesen und Weiden und nicht nur die wiesenartigen Pflanzenbestände des Ackerrandes zur Beurteilung des Ackerlandes herangezogen, sondern auch gezeigt, welche Fingerzeige die Ackerunkräuter bei der Beurteilung des Ackers geben.

Auf Grund einer zehnjährigen Arbeit draußen am Objekt und auf Grund einer fünfjährigen Zusammenarbeit mit dem Unkrautforscher *O. Wehsarg* war ich zu der Überzeugung gekommen, daß die Ackerunkräuter wichtige Hinweise auf den Nährstoffcharakter und auf die Wasserverhältnisse der Ackerländereien geben und hatte eine entsprechende Gruppierung der Ackerunkräuter vorgenommen.

Trotzdem will die alte Anschauung nicht weichen, daß die Ackerunkräuter nicht Wachstumsfaktoren, sondern Bodenarten anzeigen. Wenn aber einmal die Unkräuter als Anzeiger von Wachstumsfaktoren gebracht werden, so nur als Anzeiger der ph-Zahl, der Wasserstoffionenkonzentration, der Bodensäure, des Kalkzustandes. Diese Anschauung ist nicht nur einseitig, sie ist auch falsch. Die billige Bodenuntersuchungsschnellmethode auf Grund des Unkrautbestandes droht dadurch in Mißkredit zu kommen. Ich möchte es deshalb nicht versäumen, im Anhang zu dieser Arbeit über die Bekämpfung der Ackerunkräuter, die damals gegebene Einteilung der Ackerunkräuter nach ihrem Zeigerwert in einer geläuterten Form zu wiederholen. Zwanzig weitere Jahre der Arbeit draußen am Objekt in Zusammenarbeit mit dem Unkrautforscher *O. Wehsarg* haben meine damaligen Ansichten bestätigt und vertieft.

[1] *A. Petersen*, Die Beurteilung von Ackerländereien auf Grund des natürlichen Pflanzenbestandes von Ackerland und Ackerrand, Berlin 1930.

I. Die Ackerunkräuter als Anzeiger der Nährstoffverhältnisse des Ackers

Fast allgemein verbreitet ist heute die falsche Meinung, daß die Ackerunkräuter Anzeiger des Kalkzustandes der Äcker wären. Schon *J. H. von Thünen* [1] schloß aus dem Auftreten des kleinen Sauerampfers (Rumex Acetosella) [2] auf die Mergelbedürftigkeit seiner Äcker. Eine Einteilung aller Ackerunkräuter nach dem Kalkzustande des Bodens, auf dem sie vorkommen sollen, haben in unserem Jahrhundert in Dänemark *C. Ferdinandsen* [3] und *N. C. Nielsen* [4] zu geben versucht. In Deutschland ist ihnen *A. Eichinger* [5] darin gefolgt. Eine Überprüfung dieser Angaben ergibt, daß es sich sowohl bei *C. Ferdinandsen* und *N. C. Nielsen* als auch bei *A. Eichinger* um unzulässige Einschränkungen handelt; die Ackerunkräuter des „kalkarmen" Bodens sind nicht einseitige Kalkmangelpflanzen, sondern ganz allgemein Nährstoffmangelpflanzen.

Ihr normaler Standort ist der magere Sandboden, der nicht nur arm an Kalk, sondern arm an allen Nährstoffen ist. Diese Sandbodenpflanzen wachsen auf dem mageren Sandboden auch dann, wenn der Kalkzustand besser, aber der sonstige Nährstoffzustand der gewöhnliche ist. Diese Sandbodenpflanzen wachsen zwar auch auf besseren Böden. Aber sie wechseln auf diese besseren Böden nur über, wenn dieselben mager sind, wenn sie Nährstoffmängel aufweisen wie der Sandboden, wenn sie im Nährstoffcharakter sandbodenähnlich werden, sei es nun, daß diese an sich besseren Böden nur kalkarm sind oder bei zureichendem Kalkgehalt arm sind an den anderen Nährstoffen, an Kali, an Phosphorsäure oder an Stickstoff, was auch bei Garemangel der Fall sein kann. Ökonomierat

[1] *J. H. von Thünen*, Der isolierte Staat. 3. Aufl. Jena 1930, S. 78. 1. Aufl. 1826.

[2] In diesem Kapitel über die Ackerunkräuter als Zeigerpflanzen wird außer dem deutschen Namen der Unkräuter auch der lateinische zur Vermeidung von Mißverständnissen hinzugefügt. In den Kapiteln über die Unkrautbekämpfung begnügten wir uns dagegen mit dem deutschen Namen. Die dort ausschließlich aufgeführten Hauptunkräuter sind so allgemein bekannt, daß schon die zusätzliche Anführung des lateinischen Namens im Sachverzeichnis jedes Mißverständnis ausschließen dürfte.

[3] *C. Ferdinandsen*, Undersogelser over Danske Ukrudsformationer paa Mineraljoorder, Upsala 1918.

[4] *N. C. Nielsen*, Vad Ukrudsplanterne fortoeller om Jordens Kalktrang, Viborg 1926.

[5] *A. Eichinger*, Die Unkrautpflanzen des kalkarmen Ackerbodens. Berlin 1927, Kalkverlag.

J. Huntemann, der große oldenburgische Pionier der Heidekultur, der aus feuchtem Erikaheideland durch Kaliphosphatdüngung gutes Grünland hervorgezaubert hat und der diesen großen Fund seinen Bauern zur Verfügung stellte und nicht der Düngerindustrie, die ihn dazu verleiten wollte, das arme Heideödland in ihrem Auftrag von den Bauern billig aufzukaufen, um es dann nach der Kaliphosphatdüngung wieder teuer an die Bauern zurückzuverkaufen, nannte deshalb die Eichingerschen Kalkmangelpflanzen zwanzig Jahre vorher mit mindestens ebenso großem Recht „Phosphorsäuremangelpflanzen“ [1], und alle diejenigen, die in einer Zeit, als die Bodengare über die künstliche Düngung vergessen war, das Endziel aller Bodenkultur nicht außer acht ließen, sprachen nicht weniger richtig von „Garemangelpflanzen“ [2].

Von wirklich allgemeiner Gültigkeit bleibt nur, daß die Eichingerschen Ackerunkräuter des „kalkarmen“ Bodens Nährstoffmangelpflanzen sind, daß sie Nährstoffmangel, Magerkeit anzeigen.

Auf den eigentlichen Sandböden, die nicht durch starken Humusgehalt oder durch nahes Grundwasser zu Mittelböden geworden sind, zeigen sie praktisch gar nichts an. Hier sind die mageren Sandbodenpflanzen sozusagen zu Hause. Sie wachsen hier, ob der Boden landwirtschaftlich in Ordnung ist oder nicht. Nur die gärtnerische Kultur mit ihrer starken Humusdüngung vermag diese gewöhnlichen Sandböden auf eine solche Stufe der Fruchtbarkeit zu heben, daß anspruchsvollere Unkräuter dort ihr Auskommen finden und die Magerkeitsanzeiger verdrängen.

Auf den besseren Böden dagegen, zu denen auch diejenigen Sandböden gehören, die durch nahes Grundwasser oder durch besonders starken Humusgehalt auf die Stufe der Mittelböden gehoben werden, zeigen die anspruchslosen mageren Sandbodenunkräuter stets irgendeinen Nährstoffmangel an. Oft ist es in der Tat Kalkmangel. Ist doch der bessere Boden bei Kalkmangel meist auch in schlechter Gare, in schlechtem Kali-, Phosphorsäure- und Stickstoffzustand. Deshalb hatte auch *J. H. von Thünen* praktisch recht, wenn er bei Auftreten des kleinen Sauerampfers auf seinen Lehmböden auf Mergelbedürftigkeit schloß. Aber Stickstoff-, Kali-, Phosphorsäure- und Garemangel kann auch auf diesen Böden auftreten, wenn der Kalkzustand nichts zu wünschen übrigläßt. Auch dann

[1] *J. Huntemann*, Die plattdeutschen Namen unserer Kulturgewächse und der wildwachsenden Pflanzen. Oldenburg 1931.

[2] *J. Halle*, Landwirtschaftlicher Kalender, „Land, Wald und Garten“. Berlin 1947, S. 204—210.

treten auf diesen besseren Böden Kalkmangelpflanzen auf. Sie weisen auf irgendeinen Nährstoffmangel hin und geben damit Veranlassung zu einer näheren chemischen, physikalischen oder biologischen Untersuchung, bei der dann festgestellt werden kann, um welchen Mangel es sich im Einzelfalle handelt. Der besondere Wert der anspruchslosen Ackerunkräuter als Zeigerpflanzen besteht gerade darin, daß sie bei ihrem Vorkommen auf besseren Böden Anlaß zur Bodenuntersuchung geben, ihr großer Zeigerwert wird aber in Mißkredit gebracht, wenn man ohne weiteres bei ihrem Auftreten auf Kalkmangel schließt.

Ähnlich wie es sich bei den Eichingerschen „Kalkmangelpflanzen" in Wahrheit um „Nährstoffmangelpflanzen" handelt, sind die von *Eichinger* aufgeführten Unkräuter des „kalkgesättigten" Bodens in Wirklichkeit nicht nur anspruchsvoll an den Kalkgehalt des Bodens, sondern auch an den übrigen Nährstoffzustand. Wenn dagegen dieser sonstige Nährstoffzustand nichts zu wünschen übrigläßt, wachsen sie auf den besseren Böden auch bei mäßigem Kalkzustande.

Auf die gewöhnlichen geringen Sandböden gehen diese anspruchsvollen Unkräuter bei ackerbaulicher Nutzung nie über. Nur die gärtnerische Kultur mit ihrer starken Stallmistdüngung kann diese geringen Sandböden so heben, daß die anspruchsvollen Unkräuter dort ihr Auskommen finden.

Nachdem ich 1930 diese Gedankengänge erstmalig eingehend darlegte, änderte *A. Eichinger* 1934 seine Meinung dahin ab, daß es sich bei den Unkrautpflanzen des „kalkarmen" Bodens von 1927 um „anspruchslose kalkfeindliche" Pflanzen handele und bei den Unkrautpflanzen des „kalkgesättigten" Bodens von 1930 um „anspruchsvolle säurefeindliche" Pflanzen [1]. Das ist natürlich im Grunde nichts anderes als die Aufgabe der Lehre von den Ackerunkräutern als Indikatoren des Kalkzustandes.

Aber auch von anderer Seite liegen keinerlei Beobachtungen vor, die es gerechtfertigt erscheinen lassen, von mehr zu sprechen als von anspruchsvollen und anspruchslosen Unkräutern. Zum Beweis des Gegenteils wird gerne auf die sehr eingehende Arbeit von *K. Steyer* und *G. Eberle* aus dem Jahre 1928 verwiesen [2]. Aber auch diese beiden Forscher

[1] *A. Eichinger*, Unkräuter als Leitpflanzen für den Kalkgehalt des Bodens. Berlin 1934.

[2] *K. Steyer* und *G. Eberle*, Die Unkrautflora der Äcker und ihre Bedeutung als biologisches Reagenz auf den Reaktionszustand ihrer Böden. Berlin 1928. Arbeiten der Biologischen Reichsanstalt.

haben im Grunde nichts weiter gefunden, als daß auf den besseren Böden im allgemeinen die anspruchsvollere Unkrautflora vorherrscht und dort nur dann von der mageren Sandbodenflora verdrängt wird, wenn der bessere Boden nährstoffmäßig Sandbodencharakter annimmt. Sie haben aber nicht nachgewiesen, daß die anspruchsvollere Flora auf den gewöhnlichen Sandböden vorkommt, wenn dieselben kalkgesättigt sind. Sie führen in der Arbeit lediglich zwei Beispiele an, die aber beide nichts beweisen. Sie fanden die anspruchsvollere Flora einmal auf einem Spargelfeld, dessen Sandboden durch starke Stallmistdüngung eine „dunkle" Farbe angenommen hatte. Dieser Gemüsesandboden unterscheidet sich aber vom gewöhnlichen Sandboden nicht nur durch einen besseren Kalkzustand, sondern durch einen gehobeneren Nährstoffzustand überhaupt. Sie fanden die anspruchsvollere Ackerunkrautflora weiter auf einem Sandboden am Grunde einer Anhöhe, auf frischerem Sandboden also. Daß solche Mittelböden eine anspruchsvolle Flora auch bei ackerbaulicher Nutzung haben können und müssen, ist auch unsere Ansicht. Wir bestreiten nur, daß die Pflanzen des „kalkgesättigten" Bodens auf den gewöhnlichen Sandböden auftreten, wenn nur ihr Kalkzustand und nicht auch ihr sonstiger Nährstoffzustand dem der besseren Böden entspricht, und das ist auch von *Steiger* und *Eberle* nicht bewiesen worden.

Auf Grund dieser und aller anderen vorliegenden Untersuchungen ist es vielmehr nur möglich, die Ackerunkräuter nach ihren allgemeinen Nährstoffansprüchen in Gruppen zu unterteilen. Ich schlage die folgende Unterteilung vor:

1. Gruppe: Die anspruchslosesten Ackerunkräuter

Es handelt sich bei dieser Gruppe um die Ackerunkräuter der heidekrautlosen Sandfelder, wie *P. Graebner*, der große Pflanzenökologe und Pflanzensoziologe, sich ausdrückt[1], also um Unkräuter von so armen Sandfeldern, daß sie im Naturzustande nicht einmal die gewöhnliche Sandheide (Calluna vulgaris) tragen. Diese Unkräuter sind so an die äußerste Nährstoffarmut dieser heidekrautlosen Sandfelder angepaßt, daß sie kaum einmal auf die besseren Böden hinaufgehen, wenn diese auch noch so kalk- und nährstoffarm sind. Höchstens auf die gewöhn-

[1] *P. Graebner*, Die Heide Norddeutschlands. 2. Aufl. Leipzig 1925 in *A. Engler*, Die Vegetation der Erde.

lichen Sandböden wechseln sie über, wenn diese Böden total verarmt sind. Zu dieser ersten Gruppe der anspruchslosesten Unkräuter gehören etwa:

Igelgras: Corynephorus canescens
Frühlingsspörgel: Spergula vernalis
Bauernsenf: Teesdalia nudicaulis
Hasenklee: Trifolium arvense
Bergsandglöckchen: Jasione montana
Lämmersalat: Arnoseris minima
Schimmelkräuter: Filagoarten und andere mehr.

Es mag sein, daß die eine oder die andere dieser anspruchslosesten Ackerunkräuter tatsächlich nicht nur sauren Boden verträgt, sondern auch sauren Boden verlangt. Das trifft bei den Kulturpflanzen des Sandbodens auf die gelbe Lupine zu, das mag bei den Unkräutern auf den Lämmersalat zutreffend sein. Aber wir wissen darüber so gut wie nichts.

2. Gruppe: Die anspruchslosen Ackerunkräuter

Zu dieser zweiten Gruppe der anspruchslosen Unkräuter gehören alle diejenigen Ackerunkräuter, die unter dem Namen „Säureanzeiger" oder „Kalkmangelanzeiger" allgemein bekannt sind. Ihr Hauptstandort ist der gewöhnliche magere Sandboden. Sie wachsen dort, ob die Kalkverhältnisse geregelt sind oder nicht. Sie wachsen dort auch dann, wenn der Kalkzustand so beschaffen ist, daß Roggen, Kartoffeln und Hafer, die drei Hauptkulturpflanzen dieses Bodens, dort das Optimum des Kalkzustandes vorfinden. Auf Mittelböden, zu denen auch die gut humosen Sandböden und diejenigen mit günstigem Grundwasser gehören, gehen diese mageren Sandbodenpflanzen nur über, wenn diese aus irgendeinem Grunde mager sind, wenn sie verarmt sind an Kalk oder an Kali oder an Phosphorsäure oder an Stickstoff oder auch wenn sie unter Garemangel leiden. Sie machen auf diesen besseren Böden darauf aufmerksam, daß der Boden nicht in Ordnung ist und daß er genauer auf den vorliegenden Mangel hin untersucht werden muß. Darin besteht die große praktische Bedeutung dieser Ackerunkräuter als Zeigerpflanzen.

Zu dieser Gruppe gehören etwa:

Kleiner Sauerampfer: Rumex Acetosella
Ackerknauel: Scleranthus annuus

Ackerspörgel: Spergula arvensis
Sandstiefmütterchen: Viola tricolor eutricolor
Hederich: Raphanus Raphanistrum
Hirsearten [1]

3. Gruppe: Die anspruchsvolleren Ackerunkräuter

Diese Unkräuter stellen schon etwas höhere Mindestanforderungen an den Nährstoffcharakter des Bodens. Sie sind typisch für die Übergangsböden, auf denen sich die anspruchslosen und die anspruchsvollen Ackerunterkräuter treffen.

In diese Gruppe gehören etwa:

Ackerhundskamille: Anthemis arvensis
Ackerfrauenmantel: Alchimilla arvensis
Vogelmiere: Stellaria media
Jähriges Rispengras: Poa annua
Hirtentäschelkraut: Capsella Bursa-pastoris
Gemeines Kreuzkraut: Senecio vulgaris

4. Gruppe: Die anspruchsvollen Ackerunkräuter

Es handelt sich bei dieser Gruppe um die Ackerunkräuter, die man als Pflanzen des „kalkgesättigten" Bodens zu bezeichnen pflegte. Sie wachsen als anspruchsvolle Pflanzen im allgemeinen auf den besseren Böden und fehlen dort nur, wenn diese Böden irgendwie den Nährstoffcharakter der Sandböden angenommen haben. Auf die Sandböden gehen sie bei ackerbaulicher Nutzung nur über, wenn es sich um in guter Kultur befindliche Mittelböden handelt, also um Sandböden, die durch besonders starken Humusgehalt oder durch nahes Grundwasser frischgehalten werden und in guter Kultur sind. Auf den eigentlichen Sandböden erscheinen sie nur bei gärtnerischer Kultur.

In diese Gruppe gehören etwa:

Ackersenf: Sinapis arvensis
Erdrauch: Fumaria officinalis
Ackergauchheil: Anagallis arvensis

[1] Vgl. *H. Riehm*, Neue Verfahren zur Bestimmung der Pflanzennährstoffe im Boden. Mitt. f. d. L. 1943, S. 773—775. „Die meisten glauben, ihr Boden wäre sauer, weil sich säureliebende Unkräuter zeigten; meist waren die Böden aber neutral, und es fehlte an Phosphorsäure oder Kali, wobei ja bekanntlich auch die ‚für saure Böden so charakteristischen Unkräuter' auftreten."

Ackerhellerkraut: Thlaspi arvense
Ackerröte: Sherardia arvensis
Sonnenwendige Wolfsmilch: Euphorbia Helioscopia
Gartenwolfsmilch: Euphorbia Peplus
Stengelumfassende Taubnessel: Lamium amplexicaule
Rote Taubnessel: Lamium purpureum

5. *Gruppe: Die Kalkunkräuter*

Außer diesen vier Gruppen von Unkräutern, die typisch für einen bestimmten Nährstoffcharakter des Bodens sind, gibt es noch eigentliche Kalkunkräuter. Diese Kalkunkräuter haben aber nichts mit dem Kalkzustand des Bodens zu tun. Sie wachsen auch bei bestem Kalkzustande, ja bei Kalkübersättigung nicht auf den normalen Böden. Sie kommen nur auf den eigentlichen Kalkböden, den Kalkverwitterungsböden vor. Was ihr Vorkommen hier im einzelnen bedingt, ist bisher nicht bekannt. Meist werden es die besonderen Wärmeverhältnisse der eigentlichen Kalkböden sein. Darauf deutet jedenfalls hin, daß es sich bei diesen Kalkunkräutern meist um Florenelemente handelt, die ihr Hauptvorkommen in wärmeren Gegenden haben. Dort in ihrer Heimat sind sie keineswegs an kalkhaltigen Boden gebunden. Bei uns scheint dagegen der hohe Kalkgehalt Bedingung ihres Vorkommens zu sein, es sei denn, daß es sich um wärmere Südlagen oder überhaupt um klimatisch wärmere Gegenden handelt.

Zu dieser fünften Gruppe gehören:

Haftdolde: Caucalis Lappula
Venuskamm: Scandix Pecten-Veneris
Breitsame: Orlaya grandiflora
Hasenohr: Bupleurum rotundifolium
Schwarzkümmel: Nigella arvensis
Wohlriechender Schöterich: Erysimum pannonicum
Orientalischer Schöterich: Conringia orientalis
Turgenia: Caucalis latifolia
Blaublühender Gauchheil: Anagallis arvensis f. femina
Einjähriger Ziest: Stachys annua

Sicherlich zeigen die Ackerunkräuter noch mehr Eigentümlichkeiten der Nährstoffverhältnisse an als nur den allgemeinen Nährstoffcharakter der Böden. Aber wir wissen darüber fast nichts. Die meisten Literaturangaben haben sich nicht bestätigt.

So wurde schon seit langem und neuerdings auch noch von *O. von Linstow*[1] und *W. Mevius*[2] angeführt, daß der Erdrauch (Fumaria officinalis) auf besonders kalireichen Boden hindeutet. Alle bisher angestellten Untersuchungen haben diese Angabe nicht bestätigen können.

L. Krüger[3] führt in seiner Monographie über die Melde (Chenopodium album) an, daß der Kalibedarf der Melde so groß sei, daß bei Gefäßversuchen Kalimangelnekrosen in Gestalt brauner Flecken an den Blättern auftraten, wenn die Gefäße so stark mit Kali versorgt waren, daß nach *Neubauer* selbst bei den kalibedürftigsten Hackfrüchten Höchsterträge zu erwarten waren. Draußen auf dem Felde treten aber diese Kalimangelnekrosen leider nur bei äußerster Kaliarmut auf, wenn es auch durchaus richtig ist, daß die Melde ein um so schlimmeres Unkraut wird, je besser der Boden in Kultur ist, worauf schon *Schultz-Lupitz* hinwies.

Wahrscheinlich wird man in Zukunft einmal auf die Stickstoffverhältnisse des Bodens aus dem Unkrautbestande weitgehende Rückschlüsse ziehen können. Nur muß man dabei auch die Größenentwicklung der Unkräuter beobachten. Darauf deuten jedenfalls die schönen Versuche von *J. Weigert* und *H. Weizel* hin. Bei besonders guter Stickstoffdüngung trieb der epheublättrige Ehrenpreis (Veronica hederaefolia) ein dutzend halbmeterlange Triebe, wurde also insgesamt 6 m lang, während er bei schlechter Stickstoffversorgung so klein bleibt, daß man ihn leicht übersieht. Ähnliches trifft auf die Vogelmiere (Stellaria media) zu.

Die weitere Forschung auf diesem Gebiete lohnt sich bestimmt. Ich bin fest davon überzeugt, daß in den nächsten Jahren noch viele wichtige Hinweise zutage gefördert werden, daß auch bald einmal die noch offene Frage geklärt wird, inwieweit die anspruchslosen Unkräuter Bodensäure gebrauchen oder nur vertragen.

[1] *O. von Linstow*, Versuch einer Übersicht über bodenanzeigende Pflanzen. Dahlem 1924.

[2] *W. Mevius*, Die Bestimmung des Fruchtbarkeitszustandes des Bodens auf Grund des natürlichen Pflanzenbestandes. (Im Handbuch der Bodenkunde von *E. Blanck*, Bd. 8, 1931, S. 49—106.)

[3] *L. Krüger*, Ein Beitrag zur Biologie von Chenopodium album. Diss. Berlin 1931.

[4] *J. Weigert* und *H. Weizel*, Wachstumsverlauf und Stickstoffaufnahme bei Winterweizen und efeublättrigem Ehrenpreis (Veronica hederaefolia). Praktische Blätter für Pflanzenbau und Pflanzenschutz. 1937/38. H. 8 und 9.

II. Die Ackerunkräuter als Anzeiger der Wasserverhältnisse des Ackers

Es wird kaum möglich sein, die Ackerunkräuter bei der Abgrenzung der Äcker nach dem Trockenen hin heranzuziehen. Wohl aber bieten sie wichtige Hinweise bei der Abgrenzung nach dem Nassen zu. Von besonderer Bedeutung sind dabei die ausdauernden Ackerunkräuter, die sogenannten Wurzelunkräuter. Sie durchziehen mit ihren waagerechten mehr oder weniger wasserbedürftigen Ausläufern den Acker in bestimmten, verschieden tiefen Bodenschichten, die einen im Untergrunde, die anderen in Pflugsohlenhöhe, die anderen in der Ackerkrume, und einige überziehen den Acker auch an der Bodenoberfläche, und sie zeigen demgemäß entweder *Untergrundnässe* oder *Pflugsohlennässe* oder *Ackerkrumennässe* oder *Oberflächennässe* an. Gegenüber den Wurzelunkräutern sind die Samenunkräuter von weit geringerer Bedeutung bei der Abgrenzung der Wasserverhältnisse der Äcker. Immerhin sind doch einige als *Schmierekeimer* nicht ohne Bedeutung bei der Erkennung von Bodennässe.

1. Gruppe: Die Untergrundnässe anzeigenden Wurzelunkräuter

Ackerschachtelhalm (Equisetum arvense), Schilfrohr (Phragmites communis), Huflattich (Tussilago farfara), Landwasserknöterich (Polygonum amphibium)

Seit *O. Wehsargs* grundlegenden Untersuchungen wissen wir, daß die waagerechten Ausläufer des *Ackerschachtelhalms* an eine wasserreiche Sandschicht gebunden sind. Wasserreich muß die Schicht sein, wegen der großen Wasseransprüche des Ackerschachtelhalms, sandig aber ist sie, weil die waagerechten Ausläufer im Gegensatz zu denen der anderen Schachtelhalme und im Gegensatz zu den senkrechten Trieben auf Grund des anatomischen und morphologischen Baus nur Sand zu durchstoßen in der Lage sind. Der Ackerschachtelhalm zeigt also eine wasserreiche Sandschicht im Untergrunde an. Wenn die waagerechten Ausläufer des Ackerschachtelhalms im flachen Untergrunde, in Tiefen von etwa 50 cm verlaufen, ist der Boden dränagebedürftig, verlaufen sie im tieferen Untergrunde, in Tiefen bis zu 1,50 m, so kann man auf Sandböden nur wünschen, daß die wasserreiche Sandschicht bei etwa 1 m läge. Weit verbreitet ist heute noch die Meinung von *C. Trommer* [1], daß der Acker-

[1] *C. Trommer,* Die Bonitierung des Bodens vermittelst wildwachsender Pflanzen. Greifswald 1853, S. 75.

schachtelhalm auf Sandböden Lehm im Untergrunde anzeige. Richtig ist aber nur, daß es oft eine Lehmschicht im Untergrunde ist, die den Sand feucht hält, in dem die Ackerschachtelhalmausläufer verlaufen. Aber auf Grundwasserböden bedarf es dazu einer solchen Lehmschicht nicht. Völlig falsch ist es, den Ackerschachtelhalm unter die „Kalkmangelpflanzen" einzureihen. Richtig ist nur, daß der so schwer zu bekämpfende Ackerschachtelhalm auf verwahrlosten Böden besonders leicht zur Plage wird, weil er nicht auf die mangelhaften oberen Bodenschichten angewiesen ist, sondern von den tieferen besseren Bodenschichten lebt.

Auch die waagerechten Ausläufer des *Schilfrohrs* sind an eine wasserreiche Bodenschicht gebunden, sie braucht aber nicht sandig zu sein. Die mit dem Schilfrohr verunkrauteten Flächen sind nicht immer entwässerungsbedürftig. Die Ausläufer können nämlich eventuell mehrere Meter tief liegen. Schilf in vertrocknenden Getreidebeständen ist durchaus kein seltenes Bild.

Das Gewirr der waagerechten wasseranspruchsvollen Ausläufer des *Huflattichs* liegt im flachen Untergrunde in einer Tiefe von 30—60 cm. Meist weist der Huflattich auf Dränagebedürftigkeit hin. Auf Kalkböden, die ihm besonders zusagen, kommt er auch vor, wo die Luzerne wächst, also der Boden nicht gerade entwässerungsbedürftig ist.

Der wasserbedürftige *Landwasserknöterich* hat seine roten waagerechten Ausläufer ebenfalls im flachen Untergrunde. Er zeigt quellige Nässe im flachen Untergrunde an.

2. Gruppe: Die Pflugsohlennässe anzeigenden Wurzelunkräuter

Ackerdistel (Cirsium arvense), Ackersaudistel (Sonchus arvensis), Waldschachtelhalm (Equisetum silvaticum)

Wohlgemerkt handelt es sich bei dieser zweiten Gruppe der Pflugsohlennässe anzeigenden Wurzelunkräuter keineswegs um Pflugsohlenverdichtung anzeigende Ackerunkräuter. Pflugsohlenverdichtung anzeigende Ackerunkräuter gibt es nicht. Eine solche Gruppe von Ackerunkräutern herauszustellen, wäre gerade so einseitig, falsch und gefährlich wie die Herausstellung der „Kalkmangelanzeiger". Die Ackerunkräuter zeigen immer nur mehr oder weniger Nässe in den verschiedenen Bodenschichten an. Worauf diese Nässe zurückzuführen ist, bedarf dann, nachdem sie an den Unkräutern erkannt worden ist, einer besonderen weiteren Untersuchung. Oft ist der Grund der Bodennässe in der Tat die Pflugsohlenverhärtung, aber das kann bei den Ackerkrumennässeanzeigern und den Oberflächennässeanzeigern der Fall sein ebenso wie hier bei den Pflugsohlennässeanzeigern. Oft ist der Grund aber auch eine andere Bodenverdichtung oder das Vorliegen einer allgemeinen Dränagebedürftigkeit. Pflugsohlennässeanzeiger heißt hier also nicht Pflugsohlenverdichtungsanzeiger, sondern Anzeiger von mehr oder weniger Nässe in Pflugsohlenhöhe.

Die *Ackerdistel* gehört von alters her zu den beliebtesten Bonitierungspflanzen. Noch *O. v. Linstow* [1] teilt mit, daß die Geologen sie mit bestem Erfolg zur Erkennung von Lehmuntergrund auf Sandboden oder zur Abgrenzung von Lehminseln in Sandbodengegenden benutzten. Sie gilt also als Lehmbodenanzeiger. In der Tat ist die Ackerdistel eines der schlimmsten und verbreitetsten Lehmbodenunkräuter, in der Tat deutet sie bei ihrem Vorkommen auf Sandhöhenböden meist auf Lehm im Untergrunde. Die großen Wasseransprüche ihrer waagerechten etwas unter der Pflugsohle verlaufenden Ausläufer würden auf reinen Sandhöhenböden nicht sichergestellt werden können. Auch hat die Ackerdistel als kräftige, hochwüchsige Pflanze einige Nährstoffansprüche, die auf gewöhnlichen Sandhöhenböden schwerlich zu befriedigen wären. Aber auf Grundwasserböden werden sowohl die großen Wasser- als auch die Nährstoffansprüche der Ackerdistel auch auf allen anderen Bodenarten befriedigt. Dort zeigt sie keineswegs nur Lehm an.

Nur in einigen Fällen sind die Ackerdistelböden entwässerungsbedürftig. Die kräftigen Pfahlwurzeln verlangen eine gewisse Durchlüftung des Untergrundes. Aber immer wird die Bekämpfung der Ackerdistel durch Brechung der Pflugsohlenverdichtung erleichtert. Sicherlich fehlt sie aber unter sonst für sie günstigen Bedingungen auch auf Böden ohne Pflugsohlenverdichtung nicht.

Auf die *Ackersaudistel* trifft fast Wort für Wort dasselbe zu wie auf die Ackerdistel. Nur daß ihre Pfahlwurzel nicht so tief in den Boden reicht und die waagerechten Ausläufer in Pflugsohlenhöhe noch wasserbedürftiger sind als die der Ackerdistel. Sie tritt deshalb auf etwas schwereren bzw. feuchteren Böden auf als die Ackerdistel und greift bei gemeinsamem Auftreten in feuchten Jahren um sich. Die Ackersaudistelböden sind schon öfter dränagebedürftig, auch hier hilft die Pflugsohlenzerstörung das Unkraut bekämpfen.

[1] *O. von Linstow*, Versuch einer Übersicht über bodenanzeigende Pflanzen. Dahlem 1924.

Der *Waldschachtelhalm* ist nur stellenweise verbreitet in feuchten Gegenden an der Küste und in den Mittelgebirgslagen. Die wasserbedürftigen waagerechten Ausläufer verlaufen in Höhe der Pflugsohle. Da selten allgemeine Bodennässe vorliegt, wird meistens die Pflugsohlenverdichtung schuld am Auftreten des Waldschachtelhalms sein.

3. Gruppe: Die Ackerkrumennässe anzeigenden Wurzelunkräuter

Ackerminze (Mentha arvensis), Sumpfziest (Stachys palustris)

Diese beiden Sumpfpflanzen treiben ihre Ausläufer ausschließlich in der Ackerkrume. Sie sind typisch für entwässerungsbedürftige niedrige Ackerländereien. Sie kommen aber auch auf Böden vor, die dräniert sind, bzw. nicht an allgemeiner Bodennässe leiden. Dann sind sie Zeichen der Pflugsohlenverhärtung, die das Wasser staut und ihnen damit die Lebensmöglichkeit in der Ackerkrume gibt. Diese beiden Unkräuter gehören mit zu den wichtigsten Bonitierungspflanzen überhaupt.

4. Gruppe: Die Oberflächennässe anzeigenden Wurzelunkräuter

Flechtstraußgras (Agrostis stolonifera), Kriechender Hahnenfuß (Ranunculus repens)

Diese beiden ausdauernden Unkräuter vermehren sich durch oberirdische Ausläufer. Die Ansprüche des Flechtstraußgrases an die Wasserlieferung des Bodens sind so groß, daß schon ein so erheblicher Grad von Oberflächennässe vorliegen muß, daß der Boden wohl fast immer dränagebedürftig ist. Die Wasseransprüche des kriechenden Hahnenfußes sind dagegen etwas geringer. Oft ist sein Auftreten nur die Folge von Pflugsohlenverdichtung bzw. von sonstigen Bodenverdichtungen.

5. Gruppe: Die Nässe anzeigenden Samenunkräuter

Krötenbinse (Juncus bufonius), Wasserpfeffer (Polygonum Hydropiper), Sumpfzweizahn (Bidens tripartitus), Sumpfruhrkraut (Gnaphalium uliginosum), Geruchlose Kamille (Chrysanthemum inodorum), Mäuseschwänzchen (Myosurus minimus)

Alle diese Samenunkräuter sind „Schmierekeimer“. Sie verlangen mehr oder weniger zum Keimen oder auch zum Wachstum Böden, die zum Schmieren neigen. Die nähere Untersuchung der jeweiligen Standorte muß lehren, ob allgemeine Dränagebedürftigkeit vorliegt oder Pflugsohlenverhärtung oder eine sonstige Bodenverdichtung und Bodenverschlämmung.

Gewiß geben die Ackerunkräuter noch mehr Hinweise als nur auf den Nährstoffcharakter und auf die Wasserverhältnisse der Ackerländereien. So kann man nicht zuletzt aus dem Unkrautbestande auf den Landwirt schließen, selbstverständlich nicht ohne Berücksichtigung der besonderen Schwierigkeiten, die im Einzelfalle der Bekämpfung des Unkrauts entgegenstehen. *R. Krzymowski* [1] hat in Erweiterung seiner Lehre von den intensitätsanzeigenden Kulturpflanzen, Kulturpflanzenrassen, Haustieren und Haustierrassen vorgeschlagen, die Unkräuter auch als Intensitätsindikatoren heranzuziehen, also Intensiv-, Mediär- und Extensivunkräuter herauszustellen. Es dürfte wohl kaum einem Zweifel unterliegen, daß es tatsächlich Intensiv- und Extensivunkräuter gibt. So sind alle diejenigen Gartenunkräuter, die wie die kleine Brennessel (Urtica urens) nur bei gartenbaulicher Nutzung auftreten, ohne Zweifel Intensivunkräuter und alle diejenigen Unkräuter, die wie der Weinbergslauch (Allium vineale) mit dem Aufkommen des Hackfruchtbaus verschwinden, Extensivunkräuter.

Aber man hüte sich davor, die große Zahl der anspruchsvollen Ackerunkräuter als Intensivunkräuter und die große Zahl der anspruchslosen Unkräuter als Extensivunkräuter hinzustellen. Die anspruchsvollen Unkräuter treten auf gutem Boden auch bei extensiver Wirtschaft auf und die anspruchslosen auf Sandböden auch bei Hackfruchtkultur. Weiter liegt auch die Verwechslung von „Extensiv"- und „Primitiv"unkräutern nahe. „Primitiv"unkräuter sind solche, die bei zurückgebliebener primitiver Technik auftreten. So sind heute alle diejenigen Unkräuter, die mit der Saatgutreinigung verschwinden, Primitivunkräuter. Ihr Vorkommen zeigt an, nicht daß extensiv, sondern daß primitiv gewirtschaftet wird, daß man das Saatgut nicht reinigt mit den heute üblichen Saatgutreinigungskombinationen.

[1] *R. Krzymowski*, Kulturpflanzen, Unkräuter und Haustiere als Intensitätsindikatoren. Fühlings L. Z. 1905, Nr. 5 und 6.

PERSONENVERZEICHNIS

SACHVERZEICHNIS

Das eigentliche Sachverzeichnis ist das Inhaltsverzeichnis. Das Inhaltsverzeichnis am Anfang der Arbeit ist so eingehend gehalten, daß man daraus ersehen kann, wo das besonders interessierende Problem sich abgehandelt findet. Die Bemerkungen in diesem Sachverzeichnis am Schlusse der Arbeit sind also nur zusätzliche. Sie beschränken sich darauf, die Seiten anzugeben, auf denen die Einzelunkräuter erwähnt werden. Mit voller Absicht sind aber dabei die Seiten nicht mit aufgeführt worden, wo die einzelnen Ackerunkräuter als Zeigerpflanzen gebracht werden. Die Ordnung der Ackerunkräuter als Zeigerpflanzen in zehn Gruppen ist so übersichtlich, daß eine Zerreißung nur verwirren kann.

Die lateinischen Namen sind nach dem „Verzeichnis der Farn- und Blütenpflanzen des Deutschen Reiches" herausgegeben Jena 1940 von der Deutschen Botanischen Gesellschaft, bearbeitet von *R. Mansfeld,* gewählt worden.

Allgemeine Angaben über die Bekämpfung der Wurzelunkräuter finden sich bei den Ausführungen über die Quecke und über die Distel, allgemeine Angaben über die Bekämpfung der Samenunkräuter bei den Ausführungen über den Senf und den Hederich (Frühjahrskeimer), über die Melde (Spätfrühjahrskeimer) und über den Windhalm (Herbstkeimer).

Weitere Sie interessierende Veröffentlichungen
des gleichen Fachgebietes
finden Sie auf der folgenden Seite vermerkt

FSC
www.fsc.org
MIX
Papier | Fördert gute Waldnutzung
FSC® C083411

Zeitfracht Medien GmbH
Ferdinand-Jühlke-Straße 7
99095 Erfurt, Deutschland
produktsicherheit@kolibri360.de